气候变化下的健康风险应对：
灾害应急管理理论与实践

钟 爽 著

科学出版社

北 京

内 容 简 介

　　本书梳理了全球各国气候变化健康适应策略，建立了我国气候变化健康适应框架。根据框架详细描述了我国针对 10 个不同类型的极端气候事件的重点干预措施，并评价其干预效果。在此基础上，总结我国气候灾害应对案例的成功经验与实施障碍，并提出相关政策建议，为讨论我国未来气候变化健康适应策略与灾害应急管理相融合的政策方案与组织架构奠定基础。

　　本书有助于灾害应急管理工作者、政策制定者、公众在气候变化背景下，以健康为关注点，了解各类气候灾害的干预措施，并尝试对干预措施进行有效评估；也有助于对未来气候变化与健康政策的引导，以及我国灾害应急管理工作的经验总结与组织学习。

图书在版编目（CIP）数据

气候变化下的健康风险应对：灾害应急管理理论与实践 / 钟爽著.
—北京：科学出版社，2022.6
　ISBN 978-7-03-072418-2

　Ⅰ.①气…　Ⅱ.①钟…　Ⅲ.①气候变化-关系-健康-研究-中国
Ⅳ.①P467②Q983

中国版本图书馆 CIP 数据核字(2022)第 092908 号

责任编辑：郭勇斌　肖　雪　常诗尧 / 责任校对：杜子昂

责任印制：赵　博 / 封面设计：刘云天

科 学 出 版 社 出版
北京东黄城根北街 16 号
邮政编码：100717
http://www.sciencep.com

北京厚诚则铭印刷科技有限公司印刷
科学出版社发行　各地新华书店经销
*

2022 年 6 月第 一 版　开本：720×1000　1/16
2025 年 1 月第二次印刷　印张：12 1/2　插页：3
字数：242 000

定价：98.00 元
（如有印装质量问题，我社负责调换）

前　言

　　气候变化是关乎人类社会发展的国际热点议题，是各国急需共同应对的生存挑战。2015 年通过的《巴黎协定》促进各国加强气候变化的全球应对，将全球平均气温较工业化前水平的升高控制在 2℃之内，并为把升温控制在 1.5℃之内而努力。2020 年是《巴黎协定》签订的第五个年头，12 月 12 日的气候雄心峰会以"促进减少温室气体排放和增加应对气候变化能力的大胆措施，为来年在巴黎达成气候变化新协议凝聚政治动力"为目标，呼吁多国行动起来，推进多边合作进程，共同应对气候变化，朝着绿色、健康、可持续的方向发展。会上，国家主席习近平提出三点倡议：团结一心，开创合作共赢的气候治理新局面；提振雄心，形成各尽所能的气候治理新体系；增强信心，坚持绿色复苏的气候治理新思路。

　　气候变化对水资源安全、粮食安全、人体健康等多方面形成严重的威胁。目前，在国际社会高度重视气候变化政策的大背景下，我国也逐渐将关注点由减排放大到健康政策上。2016 年，习近平总书记在全国卫生与健康大会上强调，"要坚持正确的卫生与健康工作方针，以基层为重点，以改革创新为动力，预防为主，中西医并重，将健康融入所有政策，人民共建共享"。8 月 26 日中共中央政治局召开会议审议通过的《"健康中国 2030"规划纲要》涵盖了医疗、环境、教育、污染防治、食品药品安全、健康产业、公共安全体系等多个政策领域，以期完善健康政策体系，提高人们健康水平。2019 年国家卫生健康委员会制定的《健康中国行动（2019—2030 年）》，围绕疾病预防和健康促进两大核心，提出 15 个重大专项行动，促进以治病为中心向以人民健康为中心转变，提高全民身体素质。

　　目前气候变化下的健康风险应对与研究还处于初级探索阶段。起初，人们主要对极端气候事件（如高温热浪、寒潮等）给予较高关注。自 1995 年以来，关注点从气候变化的健康危害转移到与流行病相关的变化，以及自然气候变化与人体健康及死亡率变化之间的关系上。我国是全球气候变化的敏感区和影响显著区之一，然而我国对于气候变化与健康的研究还存在较多不足之处，比如：对气候变化健康危害认识不足，应对碎片化，气象与健康部门缺乏合作与信息共享等问题有待解决，气候变化的健康风险应对缺乏体系化评估，地方偶有成功案例但尚待总结和推广，等等。

为了给我国未来气候变化健康适应策略的设计和落实推广提供新思路，本书在借鉴国内外健康适应策略和总结已有健康风险应对经验的基础上，提取应对气候变化健康风险的适应策略与灾害风险管理策略。基于气候变化相关卫生部门的健康适应框架等，采取多种研究方法。一是采取资料研究法，通过国内外文献查阅、政府文件整理、政策梳理、官方报告收集等方式，建立适合我国的框架，总结国内地方政府的健康干预措施实施现状及其特点。二是采取单案例深入分析法，考虑灾害类型、影响范围、危害程度、地方应对经验等多种因素，选取国内 10 个极端气候事件作为典型案例进行分析。三是采取多案例比较方法，对各案例进行经验总结和应对比较，分析适应政策成功经验、存在的问题及推广中的障碍。本书是国家重点研发计划"气候变化健康风险评估、早期信号捕捉及应对策略研究"的子课题"气候变化健康风险综合评估和适应策略"的成果之一。

如何应对气候变化带来的健康风险是日趋紧迫的议题，需要加强国际、国内多领域的合作与研究，促进地方政府及其有关部门如卫生部门、应急管理部门、医疗部门、气象部门、交通运输部门、能源部门等的沟通与协作，构建系统、多元、全面、科学的气候变化健康适应框架，促进可持续、合作共赢的健康风险治理局面。因此，本书希望可以通过气候变化健康适应框架与气候灾害应急案例分析相结合，总结各类应对实践经验，关注气候变化与健康领域的新动态、新发展和新问题，希望社会各界人士给予气候变化下健康风险及气候灾害应对更多的关注和支持，为提高国民身心健康水平建言献策，为减少公众应对气候变化事件时造成的健康损失尽绵薄之力。

钟 爽

2022 年 2 月 11 日

目　　录

第一章　气候变化健康风险应对的基本概念

本章对关键概念进行理论界定与概念辨析，包括"风险与不确定性""减缓与适应策略""气候变化脆弱性与适应性""干预、策略与政策"等。根据世界卫生组织（World Health Organization，WHO，中文简称世卫组织）的报告《提高应对气候变化的健康适应》（*Strengthening Health Resilience to Climate Change*）提出的卫生健康部门的健康适应框架，并将此框架作为后续典型案例分析与比较的基本分析框架。

1.1　风险与不确定性

联合国国际减灾战略将风险定义为：自然或人为危害与脆弱性（易损性）状况之间相互作用，而导致一种有害的结果或预期损失。风险不是固定的，而是不断发展的连续体。气候问题专家 Downing 教授在《气候、变化与风险》（*Climate, Change and Risk*）中指出，风险是某种具有潜在损害性现象发生的可能性，或表现为某种威胁事件，代表了可能损害的预期（Downing et al.，1999）。

致灾因子本身并非风险的唯一驱动因素，风险取决于致灾因子危险性与承载体暴露程度、脆弱性的相互作用（齐庆华等，2019）。致灾因子的危险性是指将来可能发生、可能会对暴露因素产生不利影响的自然或人为诱发事件的可能性及潜在损失程度。致灾因子包括可能造成生命财产损失、生态系统及环境资源破坏、社会系统混乱的环境变异因子（Barros et al.，2012）；暴露程度是指自然和社会系统中承灾体受到致灾因子不利影响的范围或数量，包括人类个体维持生活的必要条件，如食物、住所和资产等受到影响的损失程度。暴露程度是风险存在的必要非充分条件，也就是说暴露程度不一定会最终产生风险，但是风险的存在一定是需要人群或系统在致灾因子下暴露。脆弱性是指系统遭受气候变化不利影响的程度，以及缺少应对气候变化不利影响的能力（McCarthy et al.，2001）。

联合国政府间气候变化专门委员会（Intergovernmental Panel on Climate Change，IPCC）第六次评估报告专门对气候变化背景下的风险进行了概念界定，认为风险可以定义为"在考虑到系统的价值观和目标多样性的情况下，对人类或生态系统造成的不利后果的可能性"。在气候变化的背景下，风险可能来自气候变化的潜在影响及人类对气候变化的应对。相关的不利后果包括生命、生活、健康和福祉、经济、社会和文化资产及投资、基础设施、服务（包括生态系统服务）、生态系统和物种的不利后果（Reisinger et al.，2020）。在气候变化的背景下，风险源自与气候有关的危害，与受到影响的人群或系统的暴露程度及其脆弱性之间的动态相互作用。危害、暴露程度和脆弱性在发生的程度和可能性方面都会受到不确定性的影响，而且由于社会经济变化和人类决策，每种危害、暴露程度和脆弱性都可能在时间和空间上发生动态变化（Reisinger et al.，2020）。例如，生活在一个洪水泛滥区，当有足够的措施改善住宿结构和个人行为，居住在其中的人们的脆弱性会减小，风险就会相应减小。在应对气候变化方面，风险源自此类应对措施未能实现预期目标的可能性，或与其他社会目标（如可持续发展目标）的潜在权衡或负面影响。例如，风险可能来自一系列的不确定性，包括气候政策的执行、结果与有效性，与气候有关的投资、技术开发、应用，以及制度变迁等不确定性（Reisinger et al.，2020）。

不确定性与确定性是相对的概念，指某一事件、活动在未来可能发生，也可能不发生，其发生状况、时间及其结果的可能性或概率是未知的（Moynihan，2008）。不确定性是一个不可度量的概率结果，在 IPCC（2014）第五次评估报告中，不确定性是指某一变量（如未来气候系统的状态）的未知程度。《ISO 31000—2009 风险管理原则与实施指南》中认为风险是"不确定性对目标的影响"，不确定性是"与事件和其后果或可能性的理解或知识相关的信息的缺陷或不完整"（ISO，2009）。但是不确定性不是无限扩张的，可以通过概算风险发生的概率、了解风险事件发生时的后果或解决方法、分析风险驱动因素等方式一定程度上缩小不确定性。

风险与不确定性的根本区别在于，决策者能否预测事件的发生及最终结果的概率分布。不确定性可以分为两类：一类来自对已知或可知事物的数据信息占有的不完整或不完善，甚至数据缺失；另一类是由于认知能力所造成的，即在复杂多变的各种系统中人类认识能力的局限性。因此，实践中某一事件处于风险状态还是不确定状态并不是完全由事件本身的性质决定的，而是很大程度上取决于决策者的认知能力和所拥有的信息量，随着决策者认知能力的提高，不确定决策也可能转为风险决策。但是鉴于在实践中区分这两种状态的难度和两种状态转换的可能性，本书并不严格区分风险和不确定性的差异。表 1.1 总结了风险与不确定性的差异。

表 1.1　风险与不确定性的差异

区别	风险	不确定性
可否量化	可以量化,其发生概率是已知的或通过努力可以知道的,风险分析可以采用概率分析方法,分析各种情况发生的概率及其影响	不可以量化,不确定性分析只能进行假设分析,假定某种因素发生或分析不确定因素对项目的影响
可否保险	可以保险	不可以保险
概率分布	发生概率是可知的或是可以测定的,可以用概率分布来描述	发生概率未知,分布不可描述
影响大小	可以防范并得到有效降低	不可知事件,影响更大

1.2　气候变化的健康风险

气候变化已经对全球健康造成了严重的威胁,如果不加以适当的减缓与适应的政策干预,将给人类健康带来灾难性的后果。IPCC 在第四次评估报告中认为目前气候变化导致了全球性的疾病和过早死亡(Parry et al.,2007)。近年来,随着气候变暖、极端天气频发等问题愈演愈烈,应对气候变化的健康适应政策成为国际社会广泛关注的焦点。根据 IPCC 2021 年的报告预测,到 2100 年全球平均气温将升高 1.8~4.0℃(Masson-Delmotte et al.,2021),据 WHO 估计,1970~2004年间轻微变暖已造成每年超过 14 万例额外死亡(仅考虑部分可能造成的健康影响),WHO 认为全球变暖已经威胁到全人类的健康福祉(World Health Organization,2009)。针对这种情况,1997 年 12 月,《京都议定书》经过议定,其目标是"将大气中的温室气体含量稳定在一个适当的水平,从而防止剧烈的气候变化对人类造成伤害";而 2015 年通过的《巴黎协定》提出了"将全球平均气温较工业化前水平上升幅度控制在 2℃以内,并努力将温度上升幅度限制在 1.5℃以内"的目标;然而目前形势并不乐观,2018 年 10 月,IPCC 发布了《IPCC 全球升温 1.5℃特别报告》,指出当下全球气温已经较工业化前水平上升约 1℃,如果按照目前温室气体排放水平计算,最早将在 2030 年达到 1.5℃关口,IPCC 呼吁各国应积极采取行动,应对气候变暖。另外,联合国可持续发展目标(Sustainable Development Goals,SDGs),将气候行动作为 17 个可持续发展目标中极为重要的目标,呼吁加强各国抵御和面对关系全人类生存的气候问题。

气候变化对人群健康的影响大小取决于其带来的风险程度。Tol 等(2004)提出,气候变化导致的损害由两部分组成,剩余损害(residual damage)和剩余损害风险(risk of residual damage)。其中剩余损害的发生具有必然性,但剩余损害的大小不是确定的，而是由剩余损害风险的大小决定。借助风险的理论构成，我们可以认为气候变化背景下人群健康风险取决于气候变化导致的环境变异因子危险性与人群脆弱性的综合作用。图 1.1 体现了气候变化作用下人群健康风险形成机理（Field et al.，2012）。

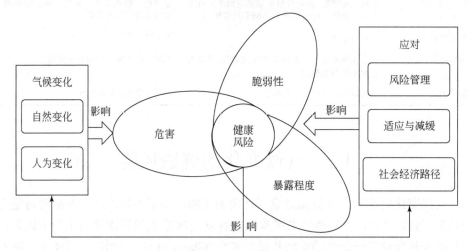

图 1.1　气候变化作用下人群健康风险形成机理

图 1.1 说明了气候变化和极端气候事件中的暴露程度和脆弱性如何决定健康风险的影响及其发生的可能性，以及自然生态系统和人类社会系统的相互作用下健康风险的影响组成。根据脆弱性的定义，针对目前正在发生和未来有可能发生的气候变化危险事件如高温热浪、洪涝、飓风等，可以通过不同的暴露程度、敏感性和适应特征识别脆弱人群，对人群脆弱性进行评估，定位脆弱性区域，找到影响脆弱性大小的因子，并最终根据健康风险的大小提出针对性的适应性方案，其中包括社会发展对温室气体排放和人为气候变化的影响，以及减少人为气候变化的影响等，提高人群适应和应对健康风险的能力。

综上所述，气候变化的健康风险是指自然和人为干扰活动所形成的具有不确定性的气候变化对自然生态系统和人类健康所造成的可能损害和损害程度。气候变化是当前人类面临的最严重的健康问题来源之一，越来越多的证据表明以气候变暖为特点的气候变化已不可避免，未来气候变化导致的健康事件将持续增加，人群健康将受到严重威胁。如何应对这一挑战成为各国政府、科学家和公众共同关注的焦点。

1.3　极端气候事件健康风险

对于"极端"没有精确的定义，但是对于"极端"的判断有两个维度：基于阈值（threshold-based）和基于概率（probability-based）。值得注意的是，两个维度不是绝对的，阈值判断要基于当地的实际情况考量，低概率事件对自然环境与社会环境也不一定有极端的影响。2014 年 IPCC 报告将极端气候事件（climate extreme events）定义为"天气或气候的测量变量的观测值高于（或低于）某个特定值，接近该变量观测范围的上限（或下限）"。极端气候事件包括极端天气和气候变量（气温、降水、风等）、特殊气候或天气系统（季风、厄尔尼诺现象、气旋等）、对自然环境的影响（干旱、洪水、海平面升降、海岸线变化、沙尘暴等）。极端气候事件不仅会导致人员伤亡及财产损失，还会破坏医疗体系，以及水、食物和居住场所等生命必需品和生活基础设施，影响居民身心健康（刘起勇，2015）。

台风对人群健康有较大影响，除了本身的狂风暴雨会带来人员伤亡，损坏基础设施、住房等间接影响城市卫生系统，还会导致死亡率、传染病发病率提高，慢性病恶化等（苟换苗等，2014）。此外，受灾害带来的心理创伤也不可忽视，并且受到经济条件、社会资源等条件的约束，不同群体的心理伤害程度不同（Bourque et al.，2006）。

极端高温会造成人员伤亡。发达国家由于受人口老龄化程度高等社会特征影响，对高温热浪更加敏感（Hennessy et al.，2007）。McMichael 等（2008）研究表明中低收入的国家死亡率与日气温有关；热带城市比如泰国曼谷、印度德里、巴西萨尔瓦多等，高温日的死亡率都很高。

洪水的危害更加频繁和显而易见。包括漫堤、暴洪、城市内涝在内的多种类的洪涝灾害，除了造成人员伤亡之外，如果灾后卫生应急行动处理不当，容易引起肠道传染病（腹泻等）、皮肤传染病、营养不良、慢性病加重、自杀率升高等问题。有实证表明，1998 年孟加拉国居民的腹泻发生率增加与当年发生的洪水有关，而较低层社会群体和不使用自来水群体患腹泻的风险更高（Hashizume et al.，2008）。另外，洪水可能通过改变病媒（蚊子等）的孳生地，导致传染病地区的转移。比如，1991 年哥斯达黎加大西洋地区洪水过后由于居民居住地的变化，疟疾的暴发地也相应发生变化（Sáenz et al.，1995）。

干旱，则通过影响农业生产对粮食安全和水安全造成严重威胁（MacDonald，2010）。根据地区条件的差异，干旱可能增加或减少疟疾等蚊媒传染病的流行（Githeko et al.，2000），值得注意的是，有实证表明脑膜炎与干旱有一定的关系（Molesworth et al.，2003）。此外，干旱使得森林火灾发生概率增加，导致碳排放增加（Costa et al.，2010）。森林火灾带来的直接影响包括人员烧伤和吸入烟雾，潜在影响包括植被损失、土壤焦化造成的山体滑坡风险增加（World Health Organization，2003）。综上所述，表 1.2 列出了一些极端气候事件的健康影响（Ebi，2011）。

表 1.2　极端气候事件的健康影响举例

健康影响	极端气候影响程度				
	台风	洪水	高温	干旱	野火
死亡人数	少	少，但是骤发洪水可能会增多	中等到多	少	少到中等
重伤人数	少	少	中等到多	不可能	少到中等
慢性病恶化	大范围	局部到大范围	大范围	大范围	局部到大范围
害虫病媒增加	大范围	大范围	不可能	可能	不可能
传染病暴发风险	不可能	不可能	不可能	不可能	不可能
粮食匮乏	不常见	不常见	不可能	常见	可能
水资源匮乏	大范围	局部到大范围	不可能	大范围	局部
卫生水平下降	大范围	局部到大范围	不可能	受灾区条件影响	受灾区人数影响
保健系统受损	大范围	局部到大范围	不可能	不可能	局部
庇护所减少	大范围	局部到大范围	局部到大范围	局部到大范围	局部
永久性迁移	不可能	不可能	不可能	可能	不可能
心理疾病	可能	可能	可能	可能	可能

1.4　减缓与适应策略

　　减缓（mitigation）的主要措施，即为减排，《联合国气候变化框架公约》（*United Nations Framework Convention on Climate Change*，UNFCCC）第二条对其定义为通过采取措施降低温室气体排放量，进而使得温室气体浓度处于一个合适水平，降低人类行动对大气层的影响，避免严重的气候灾害（Protocol，1997）。减排是目前国际最为通用的气候变化应对策略。减排的重要性有两方面：第一，通过减排可以减缓气候变化的速度及降低其负面影响，从而减少极端气候事件的发生；第二，通过减排可以促进新技术的革新，新能源的应用，与城市治理制度的根本性变革，从而对区域经济和社会发展产生影响（Riahi et al.，2000）。另外，不同国家的发展水平决定其自身的减排能力，这包括人力资源、支付减排费用的能力、引入新能源技术的能力、基础设施的建设水平等（Yohe et al.，2002）。减缓-低碳模式的应对措施能从源头上减缓温室效应，缓解由于气候变化所导致的一些极端天气的出现，减少由于自然气象灾害带来的对人类健康的危害。

　　适应（adaptation）是一个近年来新兴的气候变化应对策略，适应与减排在一定程度上是互补、相辅相成的。适应是指通过自身的调整以减少不利伤害和利用机会促进自身发展的过程。关于适应的概念，IPCC 认为，适应是"在自然或人类系统中，为应对实际或预期的气候变化或它们的影响所做的一种调整"；美国环境质量委员会认为，适应是"在自然或人为系统中的调整，它能够在一个新的或者变化着的环境中，利用有益的机会缓和负面的影响"。IPCC 指出，适应过程包括自然环境系统和人类社会系统。系统中的政府、社会、机构、个人都需要采取一系列的措施以提高适应能力（adaptive capacity），从而可以有效应对气候变化风险。而健康适应（health adaption）是指在应对气候变化健康风险过程中能获取相关资源并有效利用这些资源，提高健康水平的能力。气候变化关系人口健康与福祉，政府需要加强关键卫生系统建设，提高个人、社区、卫生系统的适应能力，提供充足的资源、技术、信息、知识等支持，从而降低脆弱性，促进当前气候环境的风险管理水平提高。相应地，韧性城市建设正是在提倡适应的目标诉求下，主张通过城市社区资源、物质基础设施等要素的系统调整，提高城市地方社区应对、吸收和利用各种变化的能力，适应全球气候变化所引发的风险压力（杨东峰等，2018）。

减缓与适应都是应对气候变化的重要措施，但是两者存在不同。表 1.3 列举了减缓与适应的主要差异，体现在原理、政策对象、公共性程度，以及制度思路上。

表 1.3　减缓与适应的主要差异总结

主要差异	减缓	适应
原理	温室效应理论	适应理论
政策对象	大气温室气体浓度	气候变化带来的所有改变
公共性程度	有全球外部性	公共性与私属性结合
制度思路	针对气候变化根源	以增强系统承受力为重点

减排的利益回报周期长，其主要动力来自国家（地区）或跨国层面的组织制定的公共政策的推动，并且需要利益相关群体严格执行，例如《巴黎协定》。相比之下，适应的支出与成效回报的时间跨度相对较短，适应措施由地方层面的行动者落实（Tanner et al.，2011）。

需要注意的是，适应与减排是可以互补的，两者具有协同效果（co-benefit）（Barros et al.，2012）。适应能力的提高可以减少减排的成本。而无论未来 10～29 年减排措施实施规模和范围有多大，由于气候系统的惯性，适应措施都必不可少，并显得越发重要。不同区域的适应能力和减排能力差异很大，两者很大程度上取决于政府能力，以及不同地区对两种方式的重视程度（Boer et al., 2010；Wilbanks，2003）。例如，高度脆弱的国家会优先采用适应策略，发达国家则越来越多地采用适应与减排配合的策略，以应对日益严重的气候变化与极端气候事件。减缓与适应策略，都是联合国的人类可持续发展战略中的重要发展目标（Næss et al., 2005）。

1.5 气候变化脆弱性与适应性

脆弱性（vulnerability）的概念始于自然灾害领域（Janssen，2007），Timmerman（1981）首次将脆弱性概念应用于风险评价理论的研究中，目前对于这一概念的应用可见于气候变化与灾难学领域。脆弱性是系统受到事件冲击时易受到不利影响的程度。IPCC 第三次评估报告将脆弱性定义为"系统遭受气候变化不利影响的程度，以及缺少应对气候变化不利影响的能力"（McCarthy et al., 2001）。对系统脆弱性产生重要影响的因素主要有系统暴露外界危险的程度（即暴露程度，简称暴露度），系统容易受气候变化影响的敏感程度，以及系统自身适应气候变化的能力（王义臣，2015）。也就是说，脆弱性包括了暴露度、敏感性和适应能力三个基本组成部分。这三个要素能够影响脆弱性，并可能根据人群或者自然系统固有的特点对脆弱性产生正向或反向的影响。其中，"暴露度"指灾害或气候变化本身的一种性质，是一个系统受到致灾因子影响的性质和程度（刘梦贞，2016）；"敏感性"则指一个系统受到气候事件正面或负面影响的性质和程度，与特定的人口社会经济特征有关。"暴露度"与"敏感性"两者结合提供了一种衡量潜在影响或总体脆弱性的方法（Zhu et al., 2014）。

"适应能力（也可称为适应性）（adaptability）"指的是系统、机构、人和其他有机体适应潜在损害、利用机会或应对后果的能力，可以将其视为社会能力和弹性的函数（IPCC，2014）。适应能力能够降低潜在的风险影响或总体脆弱性，从而提供净脆弱性（Kienberger et al., 2009）。因此，适应能力与脆弱性具有反向的关系，也就是说，适应能力的提高可以有效地降低脆弱性的程度。

近年来对脆弱性的分析研究在此定义的基础上，采用综合了不同的社会、政治、经济和环境要素的多因素方法进行分析。图 1.2 反映的是气候变化脆弱性与适应性关系的理论框架（Malik et al., 2012；Group，2005）。图中的圈代表了一个城市，其暴露度、敏感性和适应性共同决定了城市人口气候变化下的脆弱性状况。不同位置的框列举了脆弱性函数中三个要素包含的重要内容，暴露度与外应力因素相关，生态系统、人口密度压力、自然灾害等决定了气候变化的暴露度；敏感性与内应力因素相关，各类疾病负担、社会结构、社会经济条件、人口统计学因素决定了气候变化的社会敏感性；适应性与结构分异相关，社会资本、经济社会发展、灾害应对能力、卫生和安全基础设施等决定了适应性。未来的气候变化风险，给城市未来的脆弱性带来了更大的风险，并对适应性提出了更大的挑战。

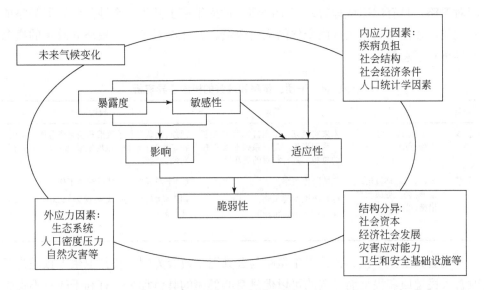

图 1.2　气候变化脆弱性与适应性关系的理论框架

1.6　干预、策略与政策

干预（intervention）是提高个人或群体健康状况的具体措施。干预包括教育计划措施、改善环境的具体措施或者是健康行为措施等。干预对象可以是多样的，包括社区、学校、卫生保健组织、宗教组织或家庭。有研究表明，干预能改变个人知识、态度和技能，增加社会支持，创造支持性环境和资源（Steckler et al.，2002）。

策略（strategy）是为了实现组织目标而制定的一系列计划。它是组织价值与具体行动的结合，通过实行策略指引组织走向其目标。策略相对干预措施而言，是一系列具体措施的组合。不同领域中实施多种干预策略，能够达到较为有效和持久的干预效果。策略相对政策而言是动态的，能够灵活应对不确定状况。中层管理者可以参与子策略的制定。

政策（policy）是顶层决策的指南，为不同类型的组织提供决策原则。政策可以通过立法进行规范，与策略相比，具有相对稳定性。政策主要由政府部门的政策制定者来制定，会受到不同价值观的塑造和决策信息差异的影响。

因此，策略是具体干预措施的总和，而政策是较为稳定化的策略，可以用法律来表现，或者可以作为政府的发展规划。只有一系列的适应性干预措施在试点地区被证明有效，才能与其他领域有效的干预措施（如减排）组合形成气候变化应对策略，只有国家或地方政府把减缓与适应策略上升为一个地区的发展战略或者规划，才能形成相关气候变化的应对政策。表 1.4 对干预、策略和政策的概念差异进行了总结。

表 1.4　干预、策略和政策的概念差异辨析

差异	干预	策略	政策
定义	一系列具体可行的干预行动	未来实现某个特定目标而采取的一系列步骤。是一系列干预措施的总和，具有相对的灵活性	组织、团队等基于政治和信息资源所采用的特定原则、法律、政府发展规划等。具有相对的稳定性
举例	社区宣教；环境治理措施；公众健康教育措施；心理健康干预措施	疫情防控策略；综合环境治理策略；气候变化应对策略	《"十四五"节能减排综合工作方案》；《国家综合防灾减灾规划（2016—2020 年）》；《"十四五"生态环境保护规划》

以公共卫生干预、公共卫生策略与公共卫生政策为例。公共卫生干预是为了改善人民健康和福祉而采取的可以促进身心健康的具体行为，有利于改变不良生活习惯带来的健康损害。肯特州立大学将公共卫生干预措施归类为 6 项，流行病监测与防控（epidemiology and surveillance）、外联（outreach）、健康检查（health screening）、健康教育（health teaching）、社会营销（social marketing）、政策制定（policy development）[①]。公共卫生策略是为实现政策目标而采取的总体方针，通常涉及整个或者大部分的医疗健康服务系统，其行动的有效性可以长达数年，比如，美国疾病控制与预防中心提出的《改善残疾人士的公共卫生策略》（*Public Health Strategies to Improve the Health of Individuals with Disabilities*）涵盖了卫生健康系统的绝大部分内容，包括身体锻炼、营养供给、体重控制、流行病防控等。公共卫生政策的制定不是单一事件或者某一系列的决定，政策应该是一个全局性的考虑，通过一个迭代的过程去改变现有的状况，并且政策制定会涉及"政治博弈的过程"（Guest et al., 2013）。《渥太华健康促进宪章》（Ottawa Charter for Health Promotion）指出，健康应该被纳入各层级、各部门的政府政策制定过程中，并且政府应该为政策执行的后果负责。

---

① A look at public health interventions.https://onlinedegrees.kent.edu/college-of-public-health/public-health/community/public-health-interventions.

第二章　气候变化下的健康风险

越来越多的证据表明，气候变化将导致天气和气候异常频率增加，进而加剧灾害风险，特别是巨灾风险的发生。IPCC 在其第四次评估报告明确指出，全球变暖对人类社会的影响不仅是广泛的，而且也是深刻的，产生的诸如气候异常、灾害性天气现象的频发（包括干旱频率与范围的扩大，暴雨频次的增加，以及部分地区强热带气旋频率的增加等），足以对人类社会经济的可持续发展，乃至整个地球生命系统造成巨大的风险。IPCC 第五次评估报告（*AR5 Synthesis Report*：*Climate Change 2014*）预计，在 4 种不同的典型浓度路径（representative concentration pathways，RCP）温室气体排放情景下，即 RCP2.6、RCP4.5、RCP6.0 和 RCP8.5，到 2100 年全球平均地表温度上升幅度分别为 1.0℃、1.6℃、1.8℃和 2.9℃。此外，海平面上升、极端降雨、极端高温和干旱等灾害还将会伴随全球升温同时出现。在现行所有的 RCP 情景之下，很多地区高温热浪灾害出现的频率将很有可能会升高，并且持续的时间更长（喻霞，2016；史培军等，2009）。

2.1　极端气候事件

虽然不能将极端气候事件的发生单纯归因于气候变化，但是现有许多科学研究证明，气候变化会增加极端气候事件的发生概率（Hales et al.，2003）。极端气候事件会对人类社会经济造成严重的负面影响，如饥荒、疫情暴发、社会不稳定等。IPCC 发布的《管理极端事件和灾害风险推进气候变化适应》特别报告中对干旱、洪水、热带气旋等极端气候事件进行归因，以及对 21 世纪末的气候变化进行评估，结果显示，极端气候事件与气候变化有中高信度相关（Field et al.，2012）。

极端气候事件有两类：一是气象统计数据异常，如极度高温导致的高温热浪、极端低温引起的寒潮、气温波动大等现象；二是更具随机性的、与人类活动结合共同引起的极端气候事件，如洪水、干旱、冰雹、飓风、火灾、雾霾等（Huang et al.，2013；Hales et al.，2003）。下文将对气候变化导致的几类高危极端气候事件进行详述。

全球气候变化的一个主要特征是气温升高，高温天气更为频繁，有研究表明，我国近年来北方地区极端最低温普遍上升 5～10℃，是冬季寒潮减弱的数值化标志；极端最高温在很多地区有所下降，但是在高原地区却普遍上升，原因待考证（严中伟等，2000）。高温的危害包括使人身体不适，增加各种疾病的发病率，死亡率升高；容易影响机动车功能稳定性（如水箱温度过高、零件高温膨胀变形等），从而引发交通事故；使得水电用量激增，易发生水电事故；极端高温还会影响农作物的产量。低温也是我国常见的气候异常现象，是指来自高纬度地区的寒冷空气，在特定的天气形势下迅速加强并向中低纬度地区侵入，造成沿途地区剧烈降温、大风和雨雪天气。这种冷空气南侵达到一定标准的就称为寒潮①。我国气象部门规定：某一地区冷空气过境后，日最低气温 24h 内下降 8℃及以上，或 48h 内下降 10℃及以上，或 72h 内下降 12℃及以上，并且日最低气温下降到 4℃或以下时，可认为寒潮发生②。寒潮伴随而来的雨雪和冰冻天气（风灾、霜冻害、寒害、道路结冰和积雪等）对交通运输、通信等基础设施造成极大的威胁；降温天气容易引发感冒、气管炎、冠心病、肺心病、脑卒中、哮喘、心肌梗死、心绞痛、偏头痛等疾病。

2.1.1　洪涝

根据紧急灾害数据库（Emergency Events Database，EM-DAT）显示，中国是洪水灾害发生最频繁的国家之一。从 1970～2005 年的数据来看，中国洪水灾害发生的次数位居全球第二，仅次于印度（薛澜，2014）。洪涝灾害的类型主要包括暴雨洪涝（暴洪）、山洪、冰雪洪水、冰凌洪水、溃堤溃坝漫堤洪水和城市内涝。关于洪水与气候变化的关系，已有许多研究进行佐证，气候变化表现出来的降水异常可能已经对洪水产生影响，Lindström 等（2004）分析瑞典 1807～2002 年的径流趋势变化，认为洪水水位在不断上升。而全球气温升高带来的融雪和冰川流入一定程度上影响洪水事件的发生概率（Rosenzweig et al.，2007）。洪涝灾害在空间上的扩展和烈度上的增强，可能会演化成其他事件，形成更为严重的次生灾害，其主要包括 4 种机理，分别为转化机理、蔓延机理、衍生机理和耦合机理。转化机理是指洪涝灾害直接导致一些事件的发生，如洪涝灾害可转化为经济损失事件、舆情事件、疫情事件、地质事件和社会治安事件；蔓延机理是指一个事件导致类似事件的发生，如洪涝灾害导致一种疫情的发生，通过多米诺骨牌效应或者蝴蝶效应，这种疫情会蔓延成另一种疫情；衍生机理是指应对洪涝灾害的措施导致一些不良后果，如救灾过度劳累导致牺牲、出现心理问题、防疫过度造成二次污染；

耦合机理指洪涝灾害一旦与恶劣天气、政治敏感事件发生耦合，将使灾情更加严重（贺山峰等，2016）。长远来看，随着全球气候变化加剧，台风、强降雨等极端气候事件日益增加，我国洪涝灾害表现出发生频率上升、不确定性增强的趋势。在经济社会快速发展过程中，一方面，人类应对洪涝灾害的科技水平明显提升；另一方面，社会经济系统的脆弱性也日益增强，在经济发展过程中出现的与水争地、快速城市化等行为已经或将会加剧洪涝灾害的破坏程度（李芳等，2012）。

2.1.2 干旱

干旱从古至今都是人类面临的主要自然灾害。即使在科学技术如此发达的今天，它们造成的灾难性后果仍然比比皆是。尤其值得注意的是，随着人类的经济发展和人口膨胀，水资源短缺现象日趋严重，这也直接导致了干旱地区的扩大与干旱化程度的加重，干旱化趋势已成为全球关注的问题。干旱通常是"一段时间内异常干燥的天气足以造成严重的水文不平衡"，干旱是一个相对的术语。按受旱机制，可分为土壤干旱、大气干旱和生理干旱。按发生时间，可分为春旱、夏旱、秋旱和冬旱[①]。降水不足是干旱的常见原因，而风速变化或水汽压不足等引起的水分蒸发增强，也会影响土壤湿度或引起水文干旱。总而言之，干旱指数往往综合了降水、温度和其他变量。特别是在气候变化的背景下干旱是一种复杂的现象，通过陆地-大气相互作用，干旱还可能影响其他天气和气候因素，如温度、降水和相关极端影响（Seneviratne et al.，2006；Koster et al.，2004）。干旱给国家的经济建设和人民生命财产造成的损失越来越大，严重影响社会公共安全、国民经济发展和人民的生存环境。随着经济的发展和人口的增长，干旱造成的损失绝对值呈明显增大的趋势。干旱缺水严重制约了农村经济的发展，每年造成上百万人饮水困难。例如，2001年2～5月，我国北方地区发生严重干旱，不仅造成2 200多万公顷农田受旱，还造成1 580万人、1 140万头大牲畜出现临时饮水困难。

2.1.3 台风（热带气旋）

台风（热带气旋）是发生在热带或副热带洋面上的低压涡旋，是一种强大而深厚的热带天气系统，是破坏力最强的灾害性气候事件之一[②]。热带气旋发生在大多数热带和亚热带海洋，对沿海人口、基础设施及航运和近海活动等海洋利益构成重大威胁。有证据表明，热带水汽和降雨量增加会引起热带气旋的相关变化（Lau et al.，2008）。可利用档案文件（Michael et al.，2008）、海岸沼泽沉积物记录、珊

---

① 干旱的危害及防御。http://www.weather.com.cn/science/zhfy/gh/fycs/05/65198.shtml.
② 台风防御。http://www.cma.gov.cn/2011xwzx/2011xfzjz/2011xzhyj/201110/t20111026_118652.html.

瑚、岩样和树木年轮中的同位素标记及其他方法（Frappier et al.，2007）估算多年热带气旋的变异性。这些估算证明了气候和热带气旋之间百年甚至千年的关系（Frappier et al.，2014；Mann et al.，2009；Yu et al.，2009；Nott et al.，2007），海平面上升和海温上升将进一步加剧热带气旋的影响。由于温室气体的增加，热带海温有明显的变暖趋势（Gillett et al.，2008；Santer et al.，2006；Karoly et al.，2005），这种变化引起的热力失衡将导致潜在强度的增加，从而最终导致更强的风暴（Wing et al.，2007；Lin et al.，2000）。我国是西太平洋沿岸受台风影响最严重的国家之一，登陆我国的热带气旋数量每年几次至十几次不等。平均每个登陆我国的热带气旋造成的经济损失达 5 亿～6 亿元（薛澜，2014）。此外，热带气旋带来的强风、暴雨和风暴潮具有突发性强、破坏力大的特点，这些灾害极易诱发城市内涝、房屋倒塌、山洪、泥石流等次生灾害①。

2.2　气候变化导致的健康风险

气候变化对人群健康的影响主要包括直接影响和间接影响两种风险路径。

直接影响是指气候变化直接造成相关人群的死亡率和发病率，主要有以下几类。

（1）气候变化所导致的高温热浪、寒潮与气温变化对健康的影响。例如，热浪会导致慢性病发病率上升，包括心脑血管疾病、呼吸道疾病、精神疾病等；寒潮天气会造成居民心脑血管疾病死亡风险增加（钟堃等，2010）。

（2）气候变化所表现出的降水模式变化对健康的影响。例如，气候变化导致洪水、干旱、风暴等灾害事件发生频率增加，从而增加居民伤亡风险，以及增加人群心理疾病的风险（Keim，2008；Albrecht et al.，2007）。

（3）持续的高温干旱天气，极易引起森林火灾，或加大火灾的范围和严重程度，导致更大范围的受损或伤亡（Parry et al.，2007）。

间接影响主要有两个路径加重疾病负担。

（1）生态系统（如食物）、环境（如水、土壤）和传染病的媒介状况（如虫媒）的改变②，增加疾病发病率。例如，气候变化导致密集降雨会增加人群感染疟疾、登革热等传染性疾病的风险（IPCC，2014）。

（2）社会经济现象的变化影响人群健康状况。气候变化会加剧社会发展的不平衡，对脆弱人群的健康产生影响，例如孕产妇、儿童、老年人、贫困人口与户

---

① 台风会带来哪些灾害？http://www.cma.gov.cn/2011xzt/kpbd/typhoon/2018050902/201807/t20180717_473583.html.
② AGR 适应差距报告根据媒介的不同将传染病分为 3 类：水传播、食物传播、虫媒传播。

外工作者（Shultz et al.，2018）。

气候变化影响健康的主要路径及中介因素作用机制（钟爽等，2019），如图 2.1 所示。

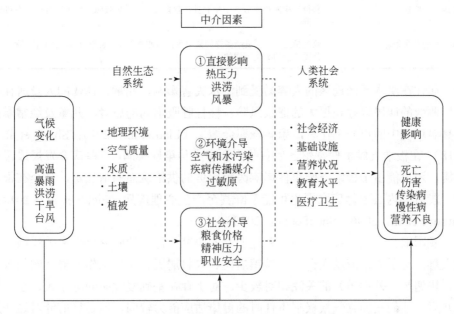

图 2.1　气候变化影响健康的主要路径及中介因素作用机制

2.2.1　气候变化与脆弱人群特征

虽然气候变化对全球人类都有影响，但是往往脆弱人群会受到更强烈的影响。WHO 的报告从人口学因素、健康状况、文化与生活条件、地理位置、资源可获取性、政治经济社会条件这 6 个角度对脆弱人群进行识别和分类（World Health Organization，2013）（表 2.1）。

表 2.1　脆弱人群的差异分类

角度	脆弱人群分类
人口学因素	儿童、妇女、老人、人口密度
健康状况	有免疫缺陷疾病的人群、结核病患者、营养不良人群、传染病患者、慢性病患者、有心理或生理缺陷的人
文化与生活条件	贫穷、游牧民族与半游牧民族、农民与渔民、少数民族、合同工、流浪人员

续表

角度	脆弱人群分类
地理位置	居住在洪水泛滥地区、干旱地区、沿海地区、水资源匮乏地区的人群
资源可获取性	获得健康照料服务、卫生服务、教育资源、庇护资源、经济发展机会不同的人群
政治经济社会条件	政治稳定程度、复杂多样的紧急事件与冲突程度、言论自由与信息流通程度、公民社会的类型不同的人群

居住在洪水泛滥地区的人容易受到洪水灾害影响，儿童、体弱的人及居住在河岸两旁的居民等存在更大的健康风险；慢性呼吸道病的患者、儿童及经常暴露在高温环境中的户外工作者，患病概率会增加（Liao et al.，2019；Sheng et al.，2018）。在极端气候事件发生之后有些人会患上传染性疾病，有些病会发展成慢性疾病，还可能由于极端气候事件影响医疗服务的供给从而病情加重，甚至在很长的一段时间内心理健康水平也可能下降甚至产生心理疾病（Field et al.，2012；Bourque et al.，2006；Shoaf et al.，2000）。

我国很少有关注社会经济因素脆弱性的研究，已有的研究分析多关注城市户籍人群，对于城市流动人群、小城镇居民、农村居民、户外工作人群（例如农民工、快递员、外卖员）的关注相对较少。对于存在基础慢性病的老年人、孕产妇及儿童，他们在面临气候极端事件时的健康适应能力较弱，但是目前针对这些脆弱人群的重点关注和相关政策措施仍明显不足。在偏远的乡村，由于经济水平的差异，很多地方夏天没有空调、冬天没有暖气，居民更容易暴露于高温或者寒冷的环境中，由于已有的相关统计资料不完整，以及该类社会问题没有上升到政策议程，对此类人群健康效应的评估难以有效实施，政策更加难以制定和有效落实（World Health Organization，2013）。

如何通过提高脆弱人群资源的可获得性，包括提供更多的经济资源、信息资源、社会支持、公共服务资源、医疗卫生服务资源、健康照料资源、环境资源等，使得他们获得更多的健康适应性，从而减少气候变化所导致的健康资源不均衡、不公平现象，在未来研究和政策实践中显得至关重要。

2.2.2 气候变化与社会风险因素的交互与协同

气候变化与当今社会的多种风险因素可以交互作用，从而对人群的健康产生更加不利的影响。可能相互作用的社会协同因子，主要包括粮食安全、生态环境恶化、地区冲突、贫困、空气污染、老龄化、户外职业人群增加、城镇化等。

（1）粮食安全。气候变化通过对农业、经济系统等直接或间接影响人口粮食安全与营养供给。由于气候变化导致农作物产量下降，造成食物短缺、食品价格上升，严重影响中低收入国家居民营养摄入。饥饿和营养不良是 5 岁以下儿童死亡和生病的重要因素。

（2）生态环境恶化。由于人类工业化的快速发展，城市化的加快，以及对于资源的过度使用，导致全球生物物种多样性下降、雨林面积减少、渔业资源枯竭、淡水枯竭、二氧化碳增加等环境变化，也会减少地球本身的吸收和自愈能力，进一步扩大气候变化及其产生的不利影响（Whitmee et al.，2015）。

（3）地区冲突。气候变化导致的海平面上升，资源短缺现象，会增加国家或地区之间的冲突和资源争夺现象。有研究表明，环境变化带来的压力会加剧地方之间的紧张关系，他们需要争夺土地、水源、石油等资源维持生产和生活（Barros et al.，2012）。而干旱、洪水等极端气候事件会造成大量人口流动，或大面积人口迁徙，从而可能对社会安定造成极大威胁。

（4）贫困。有研究表明，气候变化会加剧贫困，增加经济不平等现象，并且会增加某些人群的脆弱性（IPCC，2014）。乐施会 2009 年发布的《气候变化与贫困》报告指出，气候变化导致的贫困被称为"气候贫困"，气候变化导致生存环境恶化，自然灾害破坏人们的基本生活条件与设施，生存权利被剥夺（Xu et al.，2009）。贫困人口往往居住在自然环境脆弱地区，依赖自然资源生活，更容易受到气候变化的影响（IPCC，2014）。气候变化引起的粮食减产会造成粮食危机（Funk et al.，2008；Patz et al.，2005）；贫困人口的风险抵御能力较低，一旦所居住地区出现自然灾害如洪水、干旱、寒潮等，在慢性疾病管理、疫情控制，以及心理调节等多方面的能力较弱，贫困人口容易因此加重贫困情况。居住在城市的贫困人口恩格尔系数高，其食物充足程度与食品价格息息相关，因此他们面临极端气候事件的风险相对于富裕人口更大，受影响程度也更大（IPCC，2014；Cranfield et al.，2007）；农村人口面临因为气候灾害导致农田、作物和饲养牲畜受损现象，更容易因此致贫返贫。即使在城市，较为贫困家庭的儿童也可能面临供水不足或营养不良的问题（Field et al.，2012），老年人也可能面临医疗卫生服务不足或中断的问题。

（5）空气污染。IPCC 第五次评估报告指出，空气污染与健康有密切关系，吸入过量的空气污染物会增加疾病负担（Woodward et al.，2014）。造成空气污染和气候变化的主要原因是高污染的能源供给方式（World Health Organization，2018）。气候变暖会加重空气污染的状况，一方面，空气污染物会直接或间接地加速全球变暖导致气候变化危机；另一方面，气候变化引起的高温会加速污染物的挥发，加重空气污染程度（De Sario et al.，2013；Jacob et al.，2009）。另外高温引起的森林野火产生的颗粒物也会加重空气污染程度（Spickett et al.，2011；Krawchuk et al.，2009）。2018 年第 24 届联合国气候变化大会《气候变化与健康特别报告》指出，空气污染与气候变化可以产生交互作用，二者存在明显的交互作用机制和路径，对于健康的影响也被放大。例如，高温天气尤其是热浪，会减缓污染物的扩散，加重污染，从而加重呼吸道疾病（D'Ippoliti et al.，2010；Michelozzi et al.，2009）；过度吸入空气污染物会增加孕妇早产、低体重儿、子痫、妊娠期糖尿病的发病风险（Wang et al.，2018）；极端气候事件如沙尘暴，可能会增加哮喘的患病风险，特别是青年人存在高风险暴露的情况下（Thalib et al.，2012）。

（6）老龄化。老龄化具有国际趋势。根据国家卫健委发布的《2020 年度国家老龄事业发展公报》显示，截至 2020 年，全国 65 周岁及以上老年人口 19 064 万，占总人口的 13.50%。由于老年人口的身体机能下降，同时也是社会生活中的相对弱势群体，对气候敏感性较高；而气候变化导致的高温、寒潮、飓风、洪水等，对老年人口身体状况都有较大负面影响，包括慢性病、心脑血管疾病、猝死、脑卒中等高危风险疾病的发生的概率上升，另外，Geller 等（2005）认为气候变化对老年人口的影响不一定是由于突发性的事件。随着年龄增长，气候的渐进式变化对老年人口身体有叠加负面影响。而老龄化与社会经济条件的交互产生综合影响，如住房条件差、贫穷和受教育程度低、社会隔离等情况会产生很多心理问题，也不利于慢性病的治疗和疾病的康复（Haq et al.，2008）。

（7）户外职业人群增加。中国户外工作者快速增加，如工地的工人、外卖人员、快递人员的数量都在大幅度增加。但是，在高温环境下的工作者面临着更高的健康风险：①在高温环境下工作，得不到足够的休息容易患热紧张（heat strain）和中暑；②在高温环境下工作效率下降，使其面临着失业的风险而陷入贫穷，从而导致健康风险增加（Field et al.，2012）；③如果气候变化背景下引起传染病的发展，在没有足够的保护措施的时候，户外工作者（农民、渔民、快递员等）可能会有更高的传染病发病率（Bennett et al.，2010）；④存在其他机制，包括城市洪灾、内涝、台风等极端气候事件所导致的户外工作者健康风险增加等。气温上升导致海冰融化并减少，增加了在北极、沿海地区渔民的溺水风险（Ford et al.，2008）。

（8）城镇化。中国快速的城镇化过程，使得人口大量集中在城市。而城市具有人口密度大、灾害影响程度深、容易产生次生灾害的社会特征，因此城市被视为危险的熔炉，如果缺乏与气候变化相匹配的适应策略，就会给城市居民带来极大的脆弱性和健康风险。城市的脆弱性不是固有的，人与自然之间的复杂互动会产生更多的脆弱性；而经济、社会、文化、医疗、政治等其他因素的不平等，可能会扩大气候变化带来的不利影响，形成更多脆弱人群（Bull-Kamanga et al.，2003）。

城市的脆弱性，一方面是城市本身的脆弱性。当供水、排水、清污等基础设施配备不足，卫生保健服务和应急管理服务供给不足的时候，会扩大灾害带来的健康伤害。在靠运河流或沿海的城市则面临着更大的洪水风险。一些城市治理能力不足，灾害风险管理水平过低，城市灾害预警能力不足，应急预案与应急体系不完善，也都会加剧气候变化，尤其是极端气候事件对人群健康的影响。另一方面是城市人口的脆弱性。考虑到近年来世界大城市的发展规模和城市化进程的加速，灾害风险在未来十年增加，使更多人处在危险之中。目前全球一半以上的人口都生活在城市地区，越来越多的人口面临着包括气候变化和灾害风险在内的多种风险因素（Wamsler et al.，2016）。《2009 年减少灾害风险全球评估报告》（*Global Assessment Report on Disaster Risk Reduction 2009*：*Risk and Poverty in a Changing Climate*）指出，将计划外的城市化和城市治理不善，列为加速灾害风险的两个主要潜在因素（United Nations Office for Disaster Risk Reduction，2009）。

因此，考虑到气候变化与其他社会风险因素的交互作用，协同效应也是应对气候变化和其他风险的主要策略，被越来越多应用到气候变化领域。不同的机构对于协同效应的定义不完全相同。例如，IPCC 第三次评估报告对协同效应定义为"因各种理由而实施相关政策的同时获得的收益"。协同效应包括两个方向：①在控制温室气体排放、减缓气候变化过程中，减少了其他局域污染物排放，改善了空气质量；或者在增加气候变化人群适应能力过程中，减少了极端灾害、粮食安全、贫困等其他风险因素对人群的影响。②在控制局域空气污染物排放及生态建设过程，同时减少温室气体排放、减缓气候变化；或者通过减少贫困、减少人口暴露程度和脆弱性、增加老年人和户外工作者的社会支持和医疗卫生提供等措施来改善气候变化对健康造成的影响。因此，协同效应和策略也有利于联合国 17个可持续发展目标的进一步实现。

第三章　气候变化健康风险应对理论框架

气候变化对人群健康带来的风险和挑战是不言而喻的。在设计健康适应的公共政策问题时，政策研究专家更多地从传统的政策分析工具箱中选择效用理论、成本收益分析、概率决策理论、多属性效用理论、条件评估法等来分析相关的应对措施。但是，与气候变化的相关议题涉及甚广，时间上进程缓慢，空间上跨越国界，这就要求在健康风险应对问题上需要一个相对全面的理论框架。

3.1　气候变化健康适应框架

《建立气候适应健康系统的运行框架》（*Operational Framework for Building Climate Resilient Health Systems*）一文，从卫生系统的六大支柱出发阐释了政府部门应该从领导与组织、人员、信息、技术、服务和资金 6 个方面对卫生系统进行改革（图 3.1），将气候变化的健康适应策略融入公共卫生系统的各个方面（World Health Organization，2015）。

（1）领导与组织。卫生部门、气象部门、应急管理部门等对气候变化相关的健康威胁进行识别，做出必要的风险管理，并对风险做出反应和开展相应的工作。

（2）人员。相关工作人员需要具备不断提高专业能力以应对持续变化的卫生需求，需要进行充分的培训，增强相应的技能，有足够的适应能力应对气候变化相关健康风险。

（3）信息。完善三个重要的信息来源组成部分：气候与健康研究、风险监测与早期预警、脆弱性与适应性评估。

（4）技术。新技术的应用改变了国家的卫生系统管理方式。其中一些技术可以改善卫生系统的气候适应能力，减少气候变化对环境的影响，提高环境韧性和发展的可持续性。

（5）服务。采取措施保证健康服务递送渠道、病人治疗路径和诊所具有足够的气候适应能力。主要包括三个部分：健康的环境决定因素、考虑气候变化的卫生服务、应急准备和灾害管理。

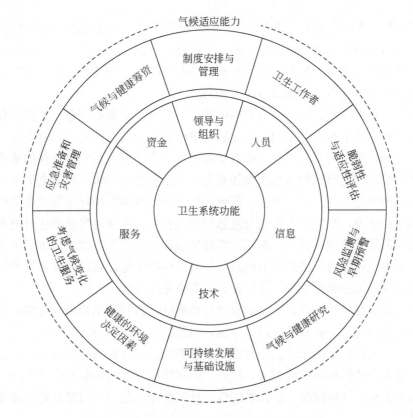

图 3.1　气候适应能力与卫生系统功能的关系

（6）资金。资金是支持卫生系统适应能力建设的重要成分，因此在制定健康适应策略的时候，国家或者地方政府需要有相对稳定的资金支持。

WHO 在《建立气候适应健康系统的运行框架》一文中对该框架进行了详细的描述，对其中十大重要组成部分的阐释如下（World Health Organization，2015）。

（1）制度安排与管理。制度安排与管理这一组成部分需要将气候变化带来的压力考虑进卫生系统，在卫生部门内部，政治风向和应对气候变化的意愿对所有气候变化相关卫生政策的实行是至关重要的，如跨部门之间的合作。对气候变化相关的健康风险进行评估、监测、监督和管理的时候，制度安排是否合理，政策制定是否有效还需要其他相关部门配合，如气象、健康、环境、应急、农业、能源、土地规划、住房、基础设施等。另外，问责制度是卫生管理的一个重要组成部分。

在极端气候事件管理中，将气候变化因素纳入国家或者地区的发展计划中，形成综合性、预防性的健康管理计划。同时加强跨国、跨部门之间的协调与合作，以提高预防措施全面性、预警信息收集全面性、资源调配灵活性。在脆弱人群和脆弱地区管理方面，卫生部门要发挥核心领导的作用，调动部门内外的资源提高脆弱人口的适应能力（Kirch et al.，2005）。

（2）卫生工作者。这一部分对应的是卫生系统中的组织部分，是指需要提高卫生工作者的技术和专业能力、卫生系统的组织能力及有合理的体制安排，使得各成员之间能通力合作。卫生工作者是完善卫生系统以应对气候变化的基础，而气候变化带来的健康风险可能会增加对当地卫生服务的需求从而改变卫生工作者的数量、类型及专业水平。所以，需要通过培训、教育和指导提高卫生工作者的技术和专业能力。组织能力是指有足够的财力和人力来应对气候变化对健康的威胁，组织需要有效调动信息、知识、资源等资源增强卫生系统的健康适应能力。此外，卫生工作者与卫生组织要注意与其他部门的沟通，如通过媒体等手段提高公众对气候变化的风险意识，发起公共卫生服务公告等。

（3）脆弱性与适应性评估。脆弱性与适应性评估需要结合当地的环境实际，通过对健康风险的规模和性质进行评估，识别脆弱人群和脆弱地区，以提供卫生政策的制定依据。健康风险的识别依赖于暴露因素、气候条件的变化、社会经济因素、卫生系统抵御风险的能力。此外，国家治理方式与体制安排及人力与财力的投入也会影响评估结果。所以脆弱性与适应性评估是卫生政策制定与规划的重要工具。

（4）风险监测与早期预警。气候变化改变了许多健康风险的发生条件，早期预警是减少灾害风险的重要组成部分，因此，增强气候适应能力需要做好以下工作：了解气候变化的健康结果的能力，预测气候风险的变化，做好前期准备和监管以便在短时间内做出反应。预警系统的目的是预测可能发生的突发事件并及时告知公众和卫生工作者，如极端气候事件或疾病暴发。这种提前预警可以为应急事件提供额外的准备时间来部署适当的准备措施和响应。有效的监测和早期预警系统可降低疾病发病率和伤亡率，同时提高卫生系统的适应能力。

世卫组织已制定一系列关于灾害早期预警的指标，政府部分在制定政策文件时，应考虑将部分指标纳入评价标准以提高预警系统的有效性和准确度，提高政府公信力。在社会和公众层面，预警系统的规划要落实到基层社区，通过完善基层设施、加强预防宣传等措施，提高公众的灾害预警能力，以减少灾害带来的健康影响（Kirch et al.，2005；Koppe et al.，2004）。

（5）气候与健康研究。气候与健康研究包括基础研究与应用研究，通过研和了解地区的健康适应能力，提出进行政策制定的依据，降低当地受气候变化影响的不确定性。基础研究包括收集气候变化的健康风险的相关资料，社会和环境因素与气候变化的相互影响，疾病的气候敏感性等；应用研究包括发展和测试新的技术和工具、风险管理的应用等。另外，应用研究还包括干预措施有效性的评估，对各项干预措施有效性的评估、干预活动的成本收益分析、如何提高老年人等脆弱人群的健康福利，降低其他脆弱人群的脆弱性等议题，也需要进一步研究和回应（Kirch et al.，2005）。

（6）可持续发展与基础设施。通过对技术和基础设施与服务的投入，可以降低气候风险脆弱性，增强卫生系统应对气候变化的能力。一方面提供健康适应的设施和服务，包括基础设施选址具有可持续性，卫生设施和服务具有弹性和灵活性等；另一方面通过新的技术手段有利于卫生服务的递送，特别是通过信息技术，例如，遥感技术、移动通信技术、疾病监测系统等。

（7）健康的环境决定因素。气候变化通过对自然环境和社会环境的影响，对健康造成威胁，因此要想改善健康的环境因素并有效应对气候变化，显然需要卫生部门协同环境部门及其他政府部门，通过与政府其他部门的合作从源头减少不利的健康环境，即"健康融入万策"，对不断改变的气候环境提高应对能力和效率。虽然卫生部门单方面不能完全控制环境因素的变化，但是卫生部门可以为其他政策制定提供依据、提高公众意识、参与确定健康风险的管制标准和管理，只有通过跨部门合作与协调能力的提高，才能从根本上改善环境，实现大健康目标。

（8）考虑气候变化的卫生服务。健康计划应该通过评估、规划和执行等方式提高适应能力，卫生部门除了与其他部门合作，还负责处理气候敏感的相关风险、极端气候事件和营养危机的回应。另外，公共卫生规划应该考虑当前和未来的变数和气候变化，包括气候敏感疾病的地理分布、发生时间和负担强度，并结合考虑其他因素。通过利用当前和预测的未来气候状况的信息来确定能力差距，并为政策、战略投资和规划决策提供信息，使此类规划变得具有气候韧性。

（9）应急准备和灾害管理。气候变化会引发许多紧急情况，如疫情暴发、洪水、海啸等。信息搜集系统、应急管理系统等建设对于提高适应能力有重要的作用。因此，卫生系统的建设目标应是全面管理公共卫生风险，除了注重反应能力之外，"准备"也应该被重视，包括卫生保健和卫生设施建设等卫生干预措施应该提前做好准备，应对不断变化的人口和服务需求，增强应急反应能力，保证能满足不同环境条件下的工作。

在应急行动过程中，风险沟通的有效性影响应急管理的实际效用。预防准备阶段，公众健康风险知识的普及程度影响应急干预措施的有效与否。加强公众风险沟通、提高公众参与度和支持度、降低恐慌发生的可能性，是提高公共卫生系统适应能力和快速遏制公共卫生危机的有效工具（Kirch et al.，2005）。

（10）气候与健康筹资。提高卫生系统的健康适应能力需要花费大量的资金和资源进行气候敏感性的监测，以便提高卫生服务的人口覆盖率，以及改进卫生基础设施以应对更极端的气候事件。为了更快速地解决以上问题，需要对现有的资金储备、未来的资金需求等方面进行评估。除了提供资金发展卫生系统和提供公共服务之外，还应该建立气候变化资金体系以便提高系统的适应能力。

WHO 提出的气候变化健康适应框架是以卫生部门工作为基础的，同时也需要结合考虑其他社会环境因素。因此，每个国家应该根据自身国情灵活应用该框架，并且根据不断变化的气候条件、各国的经验教训不断进行调整，促进卫生服务的全民覆盖，为可持续发展做出贡献。气候变化健康适应框架同样适用于中国卫生体系，对本书案例分析的开展具有一定的指导意义。

3.2 极端气候应对社区抗逆力框架

在极端气候事件及各类气象灾害应对过程中，社区作为社会管理的重要单元，是联系政府、社会、个人的重要纽带，也是应急管理的重要抓手。Norris 等（2008）曾提到，提高社区应对和抵抗一系列潜在风险的能力是现代应急管理的核心，因此要提高社区的风险应对能力，灾害损失降到最低。最早关注到社区在灾害应对中的重要性的学者是 Tierney，认为在突发事件应对过程中，社区和个体的抗逆力（韧性）提升同样重要（Tierney，1997）。

对于社区抗逆力（韧性）相对系统化的经典研究是 Norris 的社区抗逆力框架（resilience framework）（图 3.2），认为社区抗逆力是社区脆弱性的相反概念，是"防灾—抗灾—灾后重建"的动态化过程，是一种基于灾害准备的战略，将资源（适应能力过程）与适应结果相联结，抗逆力不等同于社区应急的结果，而是更加关注社区应对未来灾害和事件的适应能力（Norris et al.，2008）。

根据社区不同的资源能力，可能出现三种不同的走向。一是，当灾难发生后，社区并未出现较大损失，与事前表现几乎没有差别，呈现一个完全抵抗的状态，这是近乎理想的假设；二是，灾难出现使得社区运行暂时紊乱，如果资源充足、协调有度，社区仍具备恢复其正常功能与秩序的能力，经过一段时间的运行可恢

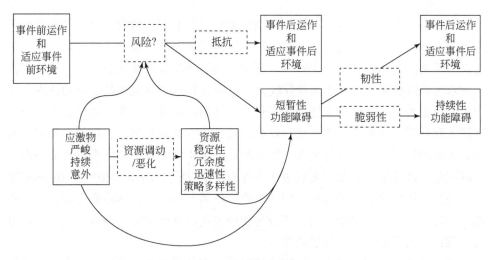

图 3.2　社区抗逆力框架

复正常；三是，灾难使得社区陷入紊乱但社区未能迅速调动资源，工作混乱不具备顺应恢复的能力。Norris 的社区抗逆力框架的核心是一系列的资源本身（主要包括 4 种网络化资源：经济状况、社会资本、信息流和社会支持）及这些资源的动态属性（稳定性 robustness、冗余度 redundancy、策略多样性 resourcefulness、迅速性 rapidity）。基于资源能力的差异，社区可从以下 5 个方面提高抗逆力：第一，社区要开发经济资源，关注脆弱人群和脆弱地区，减少资源不公的现象；第二，促进居民全程参与风险应对过程，增加社会资本；第三，改进现有的组织网络和社会关系，向受灾者提供紧急支持和持续的灾后服务；第四，要加强和保护灾后自发形成的社会支持网络；第五，要未雨绸缪，提前制定相应的应急计划，尽量考虑全面，社区作为一个小型的生态系统，提高其灵活性与适应能力（Norris et al.，2008）。

关于抗逆力的测量工具，除了 Norris 的社区抗逆力框架外，Sempier、Hegney、美国 RAND 公司、美国俄克拉荷马大学健康科学中心等研究主体做出不同的工具设计。美国 RAND 公司针对卫生应急事件探讨社区抗逆力在健康安全方面的重要因素，认为抗逆力的核心是完好状态和可及性、教育程度、设施和服务、参与性、自我效能、合作情况、质量和有效性 7 个维度。由美国俄克拉荷马大学健康科学中心的 Pfefferbaum 等设计的社区抗逆力 CART 测量工具，旨在通过评价社区抗逆力确定改革措施，进而提高社区抗逆力。其适用于各种灾害，其调查表主要包括 4 个维度：联系与亲密程度、资源情况、变革潜力和灾难管理。有学者对其进行汉化，加入信息与沟通维度，并对其进行信度和效度检验，结果较为理想（胡曼等，2017）。郑彬等（2017）基于 CART 测量工具对四川省应对风险灾害的抗逆力水平进行测量，认为四川省农村地区在社区关系、居民亲密程度及社区信息沟通具有优势，总体抗逆力水平较高；而城镇地区居民异质性较强，社会网络支持相对农村地区较弱，城乡之间差异较大。Torrens 抗逆力研究机构提出的抗逆力计分卡是根据澳大利亚的国家应急管理计划设计的，并最终在北领地、昆士兰州、南澳大利亚州和西澳大利亚州进行试验。其关注的是联系程度、风险和脆弱性水平、灾难的计划响应和恢复过程、资源的可及性 4 个维度，是一个持续参与构建社区灾难防范和准备并保证灾后快速恢复的一个过程（Arbon，2014）。Hegney 等（2008b）所构建的农村地区抗逆力评价指标体系，包括社会网络和支持、居民心态、学习能力、个人早期经历、环境与生活方式、基础设施与服务、当地领导力等，该评价指标更关注个体能动性。

以上评价体系都是基于各国实践开展的，在各项维度、指标设计中关注个体特质的作用，如自我效能、灾难经历、问题应对能力等。中国是相对强调集体效能，以集体为导向，认为个体行动是组织意志的体现，因此也有学者基于中国的特点讨论社区抗逆力。陶梅江（2015）从社会学的角度，基于"差序格局"理论认为社区抗逆力是一个渐进过程，认为"社区动员"是社区分散抗逆向社区集体抗逆的重要影响因素。朱华桂（2013）根据中国防灾抗灾的实践，将影响社区抗逆力的因素归类为 4 个维度：物理因素、制度因素、人口因素和经济因素，并在此背景条件下，进一步地，从利益相关者（社会组织、经济组织、行政组织）角度阐释如何提高社区抗逆力，提出团结、管理、合作、协调 4 种策略。周利敏（2016）将人类资本、社会公平、人口构成、社区认同和社会参与作为社区抗逆力的评价维度。杨威（2015）以应急管理为理论基础，从情景认知能力、抗灾能力、转化能力、社会资本和脆弱性对社区的抗逆力水平进行指标构建。

总的来说，社区抗逆力的建设是一个贯穿"前期预防灾害—承受灾害—抵抗灾害—灾后恢复—后期经验总结"动态化的过程，而对于其影响因素的讨论要结合具体实践分析，人、财、物等资源是不可忽视的分析重点，物资储备、基础设施及居民自救互救等能力、社区的社会资本、社区经济实力、社区凝聚力、社区信息沟通、社区适应能力等内容需要纳入考虑范围之内（郑彬等，2016；杨威，2015）。社区抗逆力框架同样适用于中国灾害应对能力的提高，因此对本书政策建议的提出具有一定的理论指导意义。

第四章　气候变化下的风险管理与健康适应

4.1　气候变化下的风险管理

IPCC 第四次评估报告中特别强调了风险管理在气候变化应对和决策中的作用。从风险管理的角度对气候变化健康风险进行分析和管理，可以更加全面、系统地考虑其影响和应对策略，许多国际风险管理组织将气候变化风险视为其研究的重要组成部分，而许多国家层面的气候变化应对策略也着重于风险应对建设。因此，有必要对气候变化导致的风险管理与人群健康应对进行系统的研究。

4.1.1　灾害风险和健康风险管理概念

灾害风险研究起始于 1989 年联合国倡导的国际减灾十年活动（IDNDR）。国际减灾十年活动的重点是探讨减轻各种自然与环境灾害对人类经济、社会、资源和环境所造成的损失和影响的机制与措施，并试图从灾害致灾因子的危险性、孕灾环境的稳定性、承灾体的脆弱性等方面，揭示灾害形成的机制及其识别灾害的驱动力（郑治斌，2018）。

灾害风险管理是灾害管理机构或者个人，用以降低灾害风险的消极结果的决策过程，是通过风险的识别和评估，并在此基础上选择与优化组合各种风险管理技术与手段，对风险实施有效控制，妥善处理风险后果的一种积极主动的行为。当前的灾害风险管理方法通常涉及 4 个不同的组成部分：①风险识别（包括风险评估）；②风险减少（涉及预防和减少脆弱性）；③风险转移（与财务保护和公共投资有关）；④灾害管理（灾害前准备、预警、响应、复原和灾后重建）（Field, et al., 2012）。灾害风险管理强调的是在灾害发生前，进行准备、预测、减轻和早期警报工作，采取全面、统一和整合的减灾行动和管理模式，对可能出现的灾害预先处理，将许多可能发生的灾害消灭在萌芽或成长的状态，尽量减少灾害出现的频率。而对于无法避免的灾害，能预先提出控制措施，当灾害出现的时候，有充分的准备来应对灾害，以减轻损失。灾害风险管理的根本目的是规避气候变化导致的灾害风险而进行优化决策和采取相应行动（郑治斌，2018）。

　　"灾害风险管理"涉及灾害可能导致的广义的风险管理，例如，经济风险管理、社会风险管理、健康风险管理等，而"健康风险管理"是针对可能对健康造成影响的风险管理。因此，"健康风险管理"是"灾害风险管理"中关注健康的一部分，近年来逐渐受到政府重视。健康风险管理将风险的理念和思想引入气候变化健康影响评估中，可以评价具有不确定性的事件在未来发生的概率、强度和可能造成的健康损害，同时探讨如何减缓和适应这些风险的过程。根据风险管理的实际应用，我们可以得出在气候变化下人群健康风险管理的基本模式，见图 4.1。

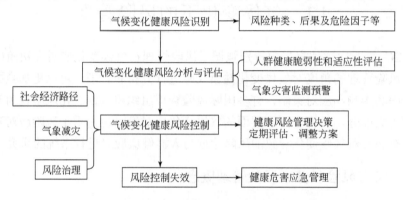

图 4.1　气候变化下人群健康风险管理的基本模式

　　风险识别过程主要是对气候变化事件可能造成的健康效应进行全面的了解，对风险种类、风险后果和可能加剧健康风险的危险因子进行描述。由上述分析可知，健康风险的大小取决于气候事件所致的危险性和人群的脆弱性，其中首先要找出气候事件所致的环境变异因子，阐明其变异所致的危险性和有关的驱动因素，进而利用相关信息进行风险分析与评估，定量及定性分析评估人群暴露度、健康脆弱性及环境变异因子之间的相互作用，最终得出对人群健康风险的系统认识，并就此制定相关政策、采取行动降低人群暴露度和健康脆弱性，从而达到减少气候变化所致人群健康风险和防灾减灾的目的。从风险管理的角度而言，核心的过程是风险分析和评估过程，即对人群暴露度和健康脆弱性进行评估，当人群受到气候变化事件暴露度越大，或受到环境变异因子不利影响的敏感程度越高，或应对能力越弱时（即脆弱性越高），所受健康损害的风险也就越高，气候变化事件造成的损害也将越为严重（张念慈等，2018；刘宁，2012）。

4.1.2　健康风险管理国际经验

1. 国际开展的灾害应对的研究回顾

联合国国际减灾战略（United Nations International Strategy for Disaster

Reduction，UNISDR）明确提出必须建立和风险共存的社会体系，强调从提高社区抵抗风险的能力入手，促进区域可持续发展。在联合国提出的千年发展目标中，把发展综合风险防范的科学与技术、减轻各种灾害的影响、提高应对各种灾害风险的能力作为保证人类社会可持续发展的一项重要措施。

2005 年在德国波恩举办的第六届国际全球环境变化人文因素计划开放科学大会中，把全球安全作为大会讨论的主题，从多个方面探讨实现可持续发展与减轻灾害风险的政策、经济、社会与技术途径。2006 年和 2008 年在瑞士达沃斯举办的国际减灾会议和国际减灾风险大会，也围绕着促进区域可持续发展与减轻灾害风险的核心议题，特别强调把生态系统的恢复与重建作为国家和地区重要的基础设施建设，以此从宏观尺度上缓解各种灾害风险的加剧，减少灾害风险的发生频率。

2008 年，国际科学理事会（International Council for Science，ICSU）和 UNISDR 共同提出了一个关于灾害风险综合研究计划（Integrated Research on Disaster Risk，IRDR），关注自然和人为的环境灾害风险。该计划的目标为：对致灾因子、脆弱性和风险的理解，即风险源的识别，致灾因子预报，风险评估和风险的动态模拟；理解复杂而变化的风险背景下的决策，即识别相关决策系统及其之间的相互作用，理解环境灾害背景下的决策和提高决策行为的质量；通过基于知识的行动减轻风险和控制损失，即脆弱性评估和寻求减轻风险的有效途径。该计划强调，为了实现上述目标，重视能力的建设，即编制灾害地图的能力，应对不同灾害种类的不同减灾水平的能力，持续改进设防水平的能力。与此同时，重视案例研究和示范，以及灾害风险评价、数据管理和监测，特别重视应用地方行动评价全球和利用全球行动评价地方的技术路线（史培军等，2009）。

2. 当前国际应对气候变化适应方案

通过对当前国际适应气候变化战略分析，可以归纳出主要的气候变化适应方案，包括以下 5 点：①在容易受到极端气候事件与自然灾害影响的地区，应将气候变化影响纳入自然灾害减灾管理、应急服务规划和恢复重建工作过程中；建立极端气候事件与自然灾害的早期预警系统，从而更加有效地实现防灾减灾。②安全的淡水供应和管理措施，加强水资源的保护、可持续利用。③应对未来气候变化挑战的基础设施建设，分析电力、交通、水利基础设施对气候变化的脆弱性，并制定相应的风险管理战略。④保证土地可持续利用与粮食供应安全。⑤避免气候变化进程影响到健康的保护措施，例如，开展人类健康脆弱性评估，提高社区和个人应对气候变化带来的健康风险能力，减少由气候变化带来的疾病、痛苦和死亡的风险；建立环境-疾病检测系统；将气候变化对人类健康的潜在影响纳入宣传活动中，提高公众认知水平和极端气候事件的应对能力（汪云等，2016；葛全胜等，2009）。由此可见，国际适应气候变化战略，除了关注基础设施与应急体制机制之外，还特别关注了健康保护措施与健康应对措施。

3. 应对气候变化适应方案与灾害风险管理的协同

应对气候变化与灾害风险管理是国际社会的热点话题之一，如何建立一个灾害风险管理、应急与气候变化应对协同的工作模式是重中之重，但同时也是各国都面临的挑战。IPCC 发布的《管理极端事件和灾害风险推进气候变化适应》总结了灾害风险管理与应对气候变化的经验，结合各国应急体制建设的经验，表现为以下 6 个方面（薛澜，2014；Field et al.，2012）。

（1）灾害风险管理工作中践行"整合式"工作理念，传统的"碎片化"工作模式割裂各个部门之间的职能，将防灾减灾、社会保障、环境保护和应对气候变化等各项工有机结合，形成一个综合全面的"整合式"灾害风险管理新模式。

（2）将气候变化适应策略纳入国家和部门的发展决策中，制定专门的战略规划并将这些规划和策略付诸行动，完善气候变化适应相关的法律和政策，从而有针对性降低暴露区灾害风险。

（3）充分动员各方力量，建立广泛参与的工作格局，包括私营部门、研究机构、基层自治组织、社会组织等，各个组成部分在应对风险方面根据能力各司其职、相辅相成，迎接应对暴露区、脆弱性和极端气候未来变化趋势的挑战。

（4）减少暴露区的数量和降低暴露区的脆弱性是应对气候变化和应对灾害风险的主要方法。暴露区数量及脆弱性的变化是灾害风险变化的主要驱动力，极端气候造成的影响和损失的大小也主要取决于暴露区的数量和脆弱性，所以，理解暴露区及脆弱性的变化规律如何影响灾害风险的发生，将有助于制定和实施有效的适应和应对措施。

（5）应对气候变化是长期性工作，加强对气候变化科学规律的探索，在恰当、及时的风险信息沟通基础上，将科技知识与地方性民间经验结合，促进气候变化与灾害风险的监测、研究、评价、学习与创新间的循环补充与改进，以达到降低灾害风险，适应极端气候的目的。

（6）加大应对气候变化和灾害风险管理的国际财政投入，建立降低灾害风险，适应气候变化的国际协同效益。目前用于降低灾害风险的国际资金比国际人道主义援助的资金少，各国间通过提供财政支持恢复民生和灾后重建，降低暴露区脆弱性和灾害风险，增强气候变化适应性。

4. 典型国家灾害风险管理体制机制

通过资料分析，归纳概括国外典型国家的灾害风险管理体制可分为 4 种类型：①中央政府为主，多方参与。譬如，日本、印度等国家建立分级负责机制，当遇到灾害时中央政府统一进行管理和协调。②地方政府为主，属地原则。典型代表国家有美国、英国等，从中央到地方都有一整套的灾害事件处理系统，从本国实际出发建立多平台集合管理体制，充分利用政府组织、人力和设施等已有资源开展防灾减灾工作。③特殊部门为主，密切配合。例如，加拿大、俄罗斯及意大利等国家建立专门的应急部门，制定联邦层面的相关计划和政策保证其灾害管理体制高效运转。④目标导向为主，注重灾害风险管理。在法国、瑞典等国家注重自然灾害风险管理体系的构建，以及防灾减灾知识的普及和教育。不同的管理体制及运行机制都是为了在灾害来临时，针对不同国家的需求最大化地减小灾害带来的损失（张亚妮等，2019a，2019b）。

我国在2003年非典后，建立了"一案三制"（应急预案，应急管理体制、机制和法制）体系，我国《突发事件应对法》第四条规定：国家建立统一领导、综合协调、分类管理、分级负责、属地管理为主的应急管理体制。《国家突发公共事件总体应急预案》指出"地方各级人民政府是本行政区域突发事件应急管理工作的行政领导机构"。突发事件发生后，发生地县级人民政府应当立即采取措施控制事态发展，组织开展应急救援和处置工作，并立即向上一级人民政府报告，必要时可以越级上报。我国属地管理包括两个内涵：一是，地方负责原则，县级以上地方人民政府负责；二是，国务院有关部门对特定突发事件负责。

4.2　国际气候变化健康适应计划

4.2.1　国际健康适应项目

国际上，由WHO、世界气象组织（World Meteorological Organization，WMO）、联合国（United Nations，UN）等国际组织牵头，已经开展了许多健康适应项目。比如，WHO、联合国开发计划署（United Nations Development Programme，UNDP）和全球环境基金（Global Environment Fund，GEF）在7个国家开展项目（Kurukulasuriya et al.，2016），分别为：巴巴多斯、不丹、中国、斐济、约旦、肯尼亚和乌兹别克斯坦。试点国家的选择是根据不同国家面对的气候风险不同决定的，例如：

（1）巴巴多斯面临淡水资源缺乏带来的压力；

（2）不丹面临洪水与传染病混合带来的风险；

（3）高温热浪与心血管疾病问题在中国相对明显；

（4）斐济的干旱与洪涝问题比较严重；

（5）约旦的水安全问题（质量和存储量）比较严重；

（6）肯尼亚的疟疾分布广和传播力强；

（7）乌兹别克斯坦的水压力和高温压力相关的肠道、心血管和呼吸道疾病问题比较严重。

项目预期的结果有 4 个：建立早期预警与响应系统、提高卫生健康部门对气候健康敏感的反应能力、执行气候变化相关的疾病的预防措施和促进成员国在健康适应策略和政策之间的合作。

联合国千年发展目标[①]基金（Millennium Development Goals Achievement Fund，MDG-F）资助的"环境与气候变化"相关项目的试点国家是中国、约旦和菲律宾。项目实施结果包括政府气候治理能力提高，公众应对气候变化意识增强，气候变化相关知识普及度提高[②]。

2004 年的布达佩斯会议呼吁各国重视气候变化带来的健康风险，促进国际合作的开展，卫生部门要协同其他部门采取健康行动和干预措施以减少气候变化相关的疾病负担，同时加强与公众的沟通，在个人、地方、国家和国际层面提高气候变化的健康适应能力（Kirch et al.，2005）。

2008 年世卫组织欧洲区（WHO Europe）开始"应对气候变化，保护人类健康"的试点计划，选择 7 个国家或地区作为试点。综合考虑各种因素，包括气候相关暴露程度、预计对健康影响的严重程度、与其他国家之间的合作机制、地理与气候特征等，选择乌兹别克斯坦、哈萨克斯坦（干旱和半干旱缺水地区）、塔吉克斯坦、吉尔吉斯斯坦（高山地区）、阿尔巴尼亚、北马其顿共和国（地中海国家）和俄罗斯西北部的亚北极区。健康适应项目有 5 个共同要素：健康问题与国家政策的结合，加强公共卫生系统与服务，提高公众意识，减少温室气体排放，共享经验、研究及数据（Menne et al.，2015）。

世卫组织对以上三个项目进行经验提取，评估试点项目扩展的可能性与挑战。总结得出以下 7 点经验（Ebi et al.，2017）。

（1）健康适应计划应该融入国家发展计划，与国家发展愿景相契合。

（2）效果较好的项目，着重于强调国家适应气候变化愿景所亟需的政策和措施。

（3）项目开展前期，需要投入大量时间和精力进行准备工作，在项目开展前进行基础能力建设。

（4）将气候变异与变化的健康风险管理制度化，是适应性健康系统的基础之一。

（5）跨部门的紧密合作十分重要。

---

① 2015 年联合国千年发展目标（MDGs）已圆满达成。

② 整理自：Environment and Climate Change：Thematic window development results report – October 2013（MDG-F）。

（6）健康适应项目有助于减缓气候变化。

（7）工作人员的能力建设和组织能力建设对项目执行效果有重要影响。

4.2.2　国际健康适应实施步骤

在制定国家适应规划方面，国际上也有许多指导文件，比如澳大利亚政府发布的《气候变化与风险管理指南》、英国气候影响计划（United Kingdom Climate Impacts Programme，UKCIP）发表的《气候适应：风险、不确定和政策制定框架工具》、气候变化和韧性平台（Climate Change and Resilience Platform，CCRP）公布的《气候脆弱性与能力分析》等。

WHO 根据不同项目的具体实施成效和内容，结合其他国际组织和国家政府的气候适应方案，提出制定国家健康适应计划的指南（World Health Organization，2014b）。计划制定主要包括 11 个步骤。制定过程的要素是：奠定基础并明确差距，筹备要素，执行战略，以及报告、监测和审查。这些都与项目周期的各个阶段（问题识别、政策制定、政策执行、政策评估和政策改变与报告）广泛相关。

1. 为开展国家健康适应计划进程奠定基础并明确差距

步骤一，国家背景梳理。

国际一些国家或地区已经建立了气候适应计划，对于一些还未能建立气候适应计划的国家来说，它们均建立卫生发展规划，使已有的卫生发展规划与制定国家适应计划的区域进程保持一致，这对确保与适应气候变化的国家整体进程相协调，促进健康适应工作的可持续性至关重要。另外，必须确保健康适应计划与国家整体进程建立强有力的联系，这也有利于卫生部门获得适应资金。加强气候变化健康适应的国家体制安排需要三个步骤：将气候变化健康适应纳入国家卫生规划进程或者国家适应计划的主流，实施健康适应策略，协调总体健康适应进程。

步骤二，识别有用信息。

这是一个"SWOT"（优势、弱点、机会和威胁）分析，以指导国家行动方案的制定。需要特别考虑到卫生部门内潜在的体制障碍和确保有效执行国家卫生方案的能力需要。信息资源可包括国家信息通报、国家适应行动方案、健康脆弱性和适应性评估、健康适应试点项目及卫生或其他部门编制的其他相关信息，对于非洲国家还包括《利伯维尔宣言》的情况分析和需求评估。方案审评期间收集的信息应提供给相关利害关系方，如通过在整个国家适应计划进程中创建的数据库。分析、绘制和汇编现有信息的过程将有助于查明能力和知识方面的差距。

步骤三，明确适应差距与不足。

确定处理开展国家适应计划进程中的能力差距和弱点的方针。在 SWOT 分析和确定能力差距的基础上，必须确保卫生决策者具备必要的能力，有效推进适应规划。如果资源允许，没有进行全面健康脆弱性和适应性评估的国家可考虑在筹备要素中进行一次评估。图 4.2 展示了将健康适应计划融入国家适应计划的步骤（Prat et al.，2014）。

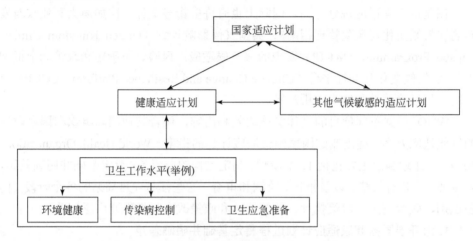

图 4.2　将健康适应计划融入国家适应计划的步骤

2. 国家健康适应计划进程的筹备要素

步骤四，短期和长期的健康脆弱性和适应性评估。

短期和长期的健康脆弱性和适应性评估指全面的健康脆弱性和适应性评估。如果在启动国家健康适应计划之前没有进行全面的健康脆弱性和适应性评估，建议在资源允许的情况下，在这一步骤中进行评估。如果没有资金，建议各国将全面的健康脆弱性和适应性评估纳入其计划，作为指导其国家战略和（或）行动计划的关键资源，并提供一个基线，以衡量未来干预措施的有效性。

开展全面的健康脆弱性和适应性评估的步骤包括：

（1）通过描述当前气候多变性和近期气候变化对人类健康的风险，以及应对这些风险的公共卫生政策和方案，建立基线条件。

（2）描述当前对气候敏感的健康结果的风险，包括脆弱人口和脆弱地区。

（3）分析当前和过去的气候条件与健康结果之间的关系。

（4）确定与气候变化有关的暴露趋势。

（5）考虑健康的环境和社会经济决定因素之间的相互作用。

（6）说明卫生部门和其他部门目前对气候敏感的健康结果风险的管理能力，考虑卫生系统的适应能力和弹性。

步骤五，卫生政策目标回顾。

审查气候变化对健康相关发展目标、立法、战略、政策和计划的影响。加强卫生系统是大多数国家包括最不发达国家的优先发展目标，因此是规划卫生适应干预措施的主要切入点。利用卫生系统组成部分作为框架，将气候变化健康适应规划与国家发展目标联系起来。包括提供应对服务，保障工作人员，建立保健信息系统，保健系统融资，相关部门领导治理，发放药品。与卫生部门的协调对于确定潜在的协同作用和促进卫生方面的共同惠益也至关重要，促进这种协调的一个选择是将卫生指标纳入这些部门的监测系统。

步骤六，制定健康适应策略。

确定优先适应备选方案。包括在国家行动方案内制定国家战略。各国将根据本国国情和需要，为尽量减少气候变化下的健康风险和建设卫生系统的复原力而提出策略和计划所应遵循的程序。

国家健康策略是根据健康脆弱性和适应性评估的信息，应对气候变化不利健康风险的广泛战略。这些战略可列入国家行动方案，以便形成一份载有目标和详细行动计划的文件。无论选择何种形式，载有建设卫生系统以抵御气候变化能力的国家优先事项的文件都应包括详细的体制安排，以落实相关利害关系方并使其参与，监测和评价框架，以及明确的近期、中期和长期健康适应目标。

一旦在国家战略中确定了广泛的国家健康策略目标，就需要制定一项健康适应计划，具体说明如何在特定时间内实现这些目标。根据具体情况，该计划可能包括预期成果、里程碑、活动顺序、明确的执行责任、必要的人力和财政资源、干预措施的成本和效益及筹资选择。如果需要，该计划可以成为筹集更多资金的有用工具。

3. 执行战略

步骤七，健康适应策略纳入社会组织发展规划。

制定一项执行战略，以便在各级落实全国健康指数，并将气候变化适应纳入与健康有关的规划进程，包括加强今后开展国家健康适应计划进程的能力。执行阶段的一个关键组成部分是确保卫生部门通过适当代表和参与进程，以及定期通报在执行卫生适应方面取得的进展，与整个国家行动方案进程相联系。

步骤八，健康适应策略纳入地方政府发展规划。

促进与国家行动方案进程的协调，特别是与可能影响健康的部门的协调和协同，以及与多边环境协定的协调和协同。包括在国家适应计划进程中协调卫生决定部门的适应计划，并将国家适应计划与国家、区域卫生规划进程及多边环境协定联系起来。与卫生部门的协调对于确定潜在的协同作用和促进卫生方面的共同惠益至关重要。确保这种协调可以将卫生指标纳入这些部门的监测系统。

4. 报告、监测和审查

此环节为管理和监测气候变化的健康风险建立一个迭代过程。

步骤九，指标设计与效果评估。

监测和审查国家健康适应计划进程，以评估进展、成效和差距。监测这一框架的执行情况及其建立具有气候复原力的卫生系统的目标在多大程度上得以实现，对于这一框架的有效性至关重要。国家监测和评价框架应纳入一系列关于健康脆弱性和气候变化风险的指标，分析气候变化可能影响健康的各种途径，并了解决定易受这些风险影响的不同因素。此外，国家卫生方案应促进与卫生有关的指标纳入卫生决定部门的适应监测系统。

步骤十，优化国家健康适应计划。

以迭接方式更新国家健康适应计划的卫生部分。管理气候变化的健康风险需要定期修订国家行动方案，以考虑到在实施适应方案方面取得的经验、对气候变化及其健康风险的新知识和理解，以及体制结构、现有技术、人口等方面的变化。

步骤十一，国家行动方案外联报告。

为了将健康适应进程有效纳入国家适应计划的总体进程，必须定期向不同的利害关系方通报和报告在执行国家适应计划和相关方案方面取得的进展。利害关系方包括国家一级总体国家适应计划管理单位、专家组、《联合国气候变化框架公约》和世卫组织的代表。

图 4.3 总结了国家健康适应计划制定过程的 11 个步骤。

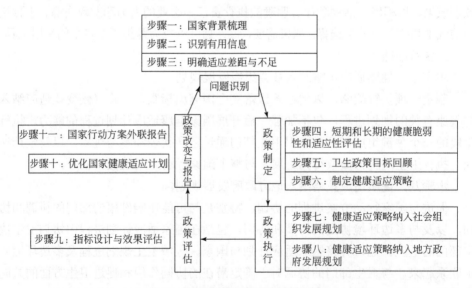

图 4.3　国家健康适应计划制定过程

4.3　国际气候变化健康适应策略

我们根据气候变化健康适应框架，在国内外文献综述的基础上，将气候变化背景下的不同灾害类型的健康适应策略进行了分类和归纳。根据不同类型的极端气候事件与灾害，如极端气温事件（如热浪）、极端降水事件（如漫堤、暴雨、城市内涝等）、寒潮、干旱、台风、空气污染、土壤污染、传染病等，进行领导与组织、人员、信息、技术、服务、资金方面的健康适应策略的举例。

在领导与组织方面，各类灾害事件均强调细化的预案体系和高效统一的指挥体系，卫生部门、医疗部门、环境部门、食品安全部门、应急管理部门、气象部门、公众和社会组织等多方面的风险沟通与联防联动机制，建立监察机制，通过政府组织体系与社会网络结构，做好灾害领导指挥与社会动员工作。

在人员方面，各类灾害事件均强调专业救援人员与医疗卫生人员的培训与演练工作，为开展宣传与教育工作配备社区组织与社区宣教人员，针对脆弱人群特殊保护建立社工组织等。

在信息方面，进行动态的风险评估与脆弱性评估、发布动态的环境监测信息、风险的早期预警、与大众传媒的信息沟通、科学研判决策，以及面对公众或脆弱人群发布预警，开展健康宣传教育和发布健康注意要点等。

在技术方面，各类灾害事件均强调通过各类专业技术手段或者是基础设施创新来减少人群的风险暴露程度、利用大数据进行人群的追踪、模拟与风险预测等。

在服务方面，各类灾害事件均强调针对脆弱人群、特殊人群进行特殊保护措施、完善社会保障体系、提供经济援助、提供公共卫生服务、提供医疗服务、提供环境治理、设立安置点进行疏散转移等内容。

在资金方面，各类灾害事件的资金主要包括国际项目资金、国内财政预算、社会保障制度、商业保险及社会资金吸纳（如慈善捐赠）等。但是，目前各国针对气候变化健康适应的资金，都是以本国的财政预算为基础，针对脆弱人群公共卫生和医疗方面则使用社会保障制度，而国际项目的支持和社会资金吸纳仅仅为辅助资金。

根据文献对不同灾害类型的多方面健康适应策略进行总结，如表 4.1 所示。由于资金形式较为单一，所以不在表4.1中进行赘述。

表 4.1 不同灾害类型的多方面健康适应策略

灾害类型	领导与组织	人员	信息	技术	服务
极端气温事件	优化国际危机管理的协调机制，确定不同行动者的责任分工，建立领导机构，促进部门间的协作与进行，并且能对紧急状态做出反应；制定高温热浪应对计划与预案，一方面为公众提供预防热浪的相关信息，另一方面为卫生工作者提供指导	为卫生工作者、相关社会组织等提供专业培训；配备和建立社会组织和社会工作者、识别脆弱群体，如老人、儿童、孕妇等，为其提供相应的卫生服务	通过印刷宣传单提高公众的防护意识（World Health Organization，2009）；完善高温热浪脆弱性评估与风险评估模型，定量表征方法、情景模拟等方法，不断提高脆弱性评估的准确性（谢盼等，2015）；建立高温健康预警系统，不断更新健康与气象监测数据，如死亡率、住院率、救护车出动频率等，例如，意大利建立的高灵敏度的热浪健康预警系统（World Health Organization，2009）；建立快速反应的预警机制，优化环境监测和相关信息传递热浪（World Health Organization，2009）；为特殊人群、脆弱人群推送热浪与健康相关的防护要点	加大室内和室外降温设施的投入，减少热暴露，如增加空调的持有率（黄存瑞等，2018）；通过穿戴高温热服、佩戴隔热设备，减少特殊人群的高温长时间户外工作者的高温暴露程度；制定长期的城市规划，通过建筑设计等方式减少公众的热暴露（黄存瑞等，2018）	为医院、疗养院等脆弱人群集中区域制定室内环境标准，控制室内温度；法国的气象部门与卫生部门之间的密切合作提高居民应对高温热浪的适应效率（World Health Organization，2009）；在意大利亚尼的"打包服务"加强热浪相关的服务（World Health Organization，2009）；加强脆弱人群的管理，如提高养老院等脆弱人群集聚地的健康福利，提高医务人员的服务水平
极端降水事件	制定相关监察机制，减少工带来的淤死阻塞排水道（Schlef et al.，2018）；建立防洪号指挥体系与现场指挥系统，进行跨部门间协作	提高公众参与意识，包括增加对城市管理人员的专业培训，通过备人员在社区普及洪涝相关知识（李俊奇等，2005）；加强灾害应急演练，提高公众的防灾意识及自救能力，特别是洪涝高发地区的居民教育（Schlef et al.，2018；陈东辉等，2016）	建立降水信息数据库，为预测未来的洪水风险提供数据，例如，美国于1996年成立"国际暴雨最佳管理措施数据库工程"（Schlef et al.，2018）；绘制当地的洪水风险地图，进行脆弱性分析与风险识别；建立洪水早期预警系统，发布早期转移疏散预警信息	加强城市河湖体系治理，提高水体的蓄洪能力；改进城市雨水回收机制；提高雨水蓄调能力；完善城市水系统循环，增强部门间联动性与协调性（Shi et al.，2019）；改进城市规划，增加城市绿地面积；通过增加湿地与密集的储水网建立海绵韧性城市，模拟和分析受灾群体的疏散转移情况	提高高洪水的风险转移能力，购买洪水保险；增强社会支持网络，经济社会保障制度，社会援助的完善；设立安置点转移灾民，进行灾后环境治理，减少次生灾害的发生概率；加强高发心脑血管病人与慢性病病人的医疗与卫生保健工作

续表

灾害类型	领导与组织	人员	信息	技术	服务
寒潮	完善应急管理组织体系,根据实际情况修订寒潮应对的各专项应急预案;加强政企、政社联动,充分利用各类组织的资源	做好施工人员的安全培训;做好施工现场的工作组织	加强公共卫生与气象联动,改进气象预测预警系统,及时掌握天气发展趋势(Masato et al., 2015);为特殊人群、脆弱人群推送寒潮与健康相关的防护要点	通过穿戴佩藏防寒衣物与设备,减少特殊人群的低温暴露程度	提前做好基础设施如水电网等隐患排查;做好应急资源的预备工作,如电源车、发电机、照明灯等(隋东阴等, 2019);加强高发心脑血管病人与慢性病病人的医疗与卫生保健工作
干旱	应急管理部门气象、水利、农业农村等部门保持密切联系,加强联动,形成抗旱救灾工作强大合力	科学调度水资源,及时研判旱情形势和发展趋势,提前制定切实可行的取水预案与人员职责分(吴继波等, 2020)	做好动态的干旱风险评估,为应对干旱事件提供充足的信息基础(Sharafi et al. 2020);早期预警是有效降低社区脆弱性的重要策略(Sharafi et al., 2020);完善抗旱管理信息系统,辅助相关的统筹工作(黄通, 2010)	通过南水北调、大坝蓄水等工程设计缓解旱情	做好受灾群众的援助工作,及时核入灾区核查灾情,了解灾区需求;通过购买保险进行风险转移
台风	提前制定相关的预防计划与预案细化,如治海地区人口疏散等;建立与洪涝灾害、地震等自然灾害的联防联动机制	加强基层工作人员的台风应急培训;通过培训专业人员针对脆弱人群如老年人、有特殊医疗需求人群、低收入阶层的进行保护	权威机构如中国气象局发布的警告通知民众提前做好防范行动;新闻媒体发布一系列公众与早期警告,包括准备、疏散和避难的最新指导	加强高风险地区房屋的防风、台风设计;对现有的建筑结构进行改造和升级来降低由于台风破坏房屋带来的伤亡事件	安全避难所是减少人数的重要设施;完善台风疏散转移安置
空气污染	制定空气管制条例,管制交通和工业污染物排放规则(World Health Organization, 2013)	面向个人、社区和保健工作者的教育方案(World Health Organization, 2013)	做好空气质量监测工作,监控空气污染的健康后果;在高污染日期出警报(World Health Organization, 2013)	室内新风系统、空气净化器的应用;做好个人防护措施,包括人员采取适当的防护措施(World Health Organization, 2013);通过佩藏防雾霾口罩等方式抵御空气污染等(World Health Organization, 2013)	针对急剧增加的急性和慢性呼吸道疾病人开展医疗卫生服务

续表

灾害类型	领导与组织	人员	信息	技术	服务
土壤污染	做好粮食产地规划，助力当地粮食生产（World Health Organization, 2013）；与环保部门、气象部门、卫生部门、粮食部门、食品安全部门沟通与联防联动	对社区和个人进行营养相关的教育和培训（World Health Organization, 2013）；对检测人员进行系统培训与应急演练（World Health Organization, 2013）	制定监测脆弱人口营养不良的方案（World Health Organization, 2013）；通过对土壤污染的高危地区风险与脆弱性评估，对高风险地区和人群进行预警与信息发布	干旱季节和洪涝季节的储水调配设施；通过技术手段进行污染源排查与环境治理工作	加强粮食安全的紧急反应计划（World Health Organization, 2013）；加强重点人群如儿童的社会保障与卫生保健服务
传染病	加强跨部门的协调合作与资源共享等；加强灾情沟通，提高地方层面的疾病防控能力（World Health Organization, 2012）	制定面向个人、社区的教育方案及卫生工作者识别和治疗疾病的培训方案（World Health Organization, 2013）；提高病例管理水平及早期诊断准确性，加强医院、诊所、疾控中心等卫生服务人员专业培训，加强传染病的培训课程，提高卫生组织的准备能力	制定疟疾、登革热等传染病的监测方案，同时警惕人畜共患疾病的发生（World Health Organization, 2013）；将疫情监测与疫情准备结合起来，做到早发现、早报告、早隔离、早治疗；制定适当的监测指标，监控的准确性	提高病媒监测技术；提高疫苗的质量和有效性；增加病情严重案例、慢性病等的研究，增加妊娠、传染病交叉影响研究；改进卫生部门对疫情的管理，包括疫情传递与疫情分析模型等	加强病媒管理，制定环境卫生方案；制定妇幼保健方案，包括妇幼及疫苗接种等（World Health Organization, 2013）

第五章　极端气候事件健康风险应对案例分析

降水异常导致的洪涝灾害是极为常见的极端气候事件，其日益频繁的发生也是气候变化重要的表现之一。洪涝灾害包括漫堤、内涝和暴洪。漫堤是由于如强降雨、冰雪融化、冰凌、堤坝溃决、风暴潮等原因引起江河湖泊或者沿海水量增加，水位上涨而超过堤坝所造成的洪水灾害。目前，河流漫堤洪水是对我国影响最大、最常见的洪涝灾害，尤其是流域内长时间暴雨造成河流水位居高不下而引发堤坝决口，对地区发展损害最大，甚至会造成大量人员伤亡。河流漫堤洪水受平原地形、长江中下游等区位因素影响，因此我国的安徽省、湖北省、湖南省、四川省、江苏省等长江流域周边多省市地区均是河流漫堤洪水频发地区。

内涝是大雨、暴雨或降雨量过于集中而产生大量的积水和径流，因排水不及时，致使土地、房屋等渍水、受淹而造成的灾害，常见的如城市内涝、农田积水等。另外，我国南方地区尤其长江中下游地区或江淮流域，每年6~7月都会出现持续天阴有雨的气候现象，此时正是江南梅子的成熟期，故此时段被称作"梅雨"季节。我国"梅雨"地区北起黄淮地区，南至湖南、江西、浙江三省中北部，西到湖北宜昌，东至上海。由于很多大中城市的城市规划与排污排水系统陈旧等问题，城市内涝在我国一些城市和地区时有发生，对当地人们的生命健康、经济和社会造成一定的影响。

暴洪（flashflood）也称骤发洪水，在国际研究和洪水救援中备受瞩目，由于一次短时的强降水过程，发生在地势低洼、地形闭塞的地区，雨水不能迅速宣泄造成城市积水或形成急流，加之城市的人口密度大、交通拥挤等原因，会在短时间导致人民群众的伤亡；发生在山区还可能引发山洪暴发。骤发洪水（暴洪）在我国一些大型城市时有发生，虽然暴洪持续时间短暂（暴雨可能只持续几个小时），但是，也会对人们的生命健康造成威胁。

因此，对于上述几种常见类别的洪涝灾害，通过典型案例分析其案例特征、治理经验，探讨其存在的问题，针对应急管理如何减少人们的生命健康损失，城市治理，以及增强气候变化适应能力等多方面，均具有重要研究意义和现实价值。

除了洪涝灾害，全球温室气体排放量持续增加，还会导致另外一种相反的水文现象——干旱的发生和扩张。我国干旱的主要地方集中在西北地区、西南地区。

西北干旱地区包括新疆、青海、甘肃、宁夏全境和陕西秦岭以北、内蒙古西部以及山西西部地区，总面积超过全国国土面积的三分之一，我国的主要沙漠都分布在这一地区。西南地区的云南干旱严重，例如，云南省楚雄彝族自治州遭遇三年连旱，导致库塘蓄水严重不足，一旦当地降雨持续偏少，随着气温不断升高，库塘蓄水量持续下降，容易引发旱情加剧。降水减少带来的干旱问题，不但给粮食安全造成威胁，也对人群健康造成影响。我国云南省是旱灾的高发地区，该地区应对旱灾经验较为丰富，可以作为典型案例进行重点研究。

当然，气温异常是气候变化和全球变暖最为直接的一种表现形式。尤其是气温持续升高超过阈值出现的高温热浪现象，在城市越发频繁和严重发生。上海地区既是受到高温热浪影响严重的地区，也是我国经济发展水平具有代表性的城市，其城市治理水平较高，针对高温热浪健康应对的实践经验也较为丰富。另外，气温的异常还体现在寒潮的出现，这是我国冬季常见的灾害之一，一旦发生在我国常年较为温暖且缺乏供暖设备的南方地区，极有可能导致脆弱人群的健康危害。2008 年在我国南方地区发生的"寒潮"事件，影响范围广、持续时间长，其应对措施对我国减少气候变化健康损失与应急能力建设具有借鉴意义。2021 年，席卷美国得克萨斯州的恶劣暴风雪和长时间超级寒潮，造成的美国电力系统的瘫痪及其他多种社会问题和健康隐患，可见寒潮对社会和人群健康产生巨大的影响。

风灾也是我国极为常见的自然灾害，尤其是受到热带气旋的影响台风现象在我国东南沿海地区频发。2018 年的台风"山竹"①，其等级是极为罕见的超强台风，其应对也是我国应急管理部成立以来面临的重大挑战。台风"山竹"在我国造成的人员伤亡很小，对其开展典型案例研究具有一定代表性和案例价值。另一种风灾类型龙卷风，虽然发生次数相对较少，但在我国江苏省等地区时有发生。由于受到气候变化的影响，龙卷风事件近年来也日渐增多，2016 年江苏省的龙卷风事件受到中央领导和江苏省政府的高度重视，其应对措施在国内来说较为全面和典型。

气候变化与其他风险因素综合形成的灾害也不可忽视。例如，气候条件变化会导致传染病疫情更加频发，对人群健康造成巨大威胁。广东省作为疫情高发地区，自 2003 年非典之后，对于传染病防控有较为丰富的应对经验，其经验值得推广。2020 年新型冠状病毒肺炎疫情暴发，此类突发公共卫生事件，也很容易与极端气候事件产生交互作用或者连锁危机。可以说，气温变化和洪涝等极端气候事

---

① 已被除名，替补名为"山陀儿"。

件都可能在传染病的传播中发挥中介传导作用。例如，2020 年夏天我国多个长江流域的省市发生洪涝灾害，容易与疫情产生多重复合灾害（钟爽等，2020）；疫情在一定程度上也会受到气温变化的影响，因此气温的变化和疫情也会产生交互作用。

还有一类与气候变化协同效应最明显的，就是空气污染（雾霾）现象，虽然不是气候变化导致的直接事件，但是气候变化与雾霾存在明显的交互影响。这使得空气污染的治理与气候事件的应对需要协同治理，从而增加协同效益，达到从根源减少健康损失的目的。近年来，我国首都北京地区的雾霾现象得到了高效的治理，其针对健康的应对措施广泛，治理效果显著，均值得进行深入和具体的分析。

综上所述，本书共选择了 10 个不同极端气候事件的典型案例，进行深入的典型案例分析，包括灾害的背景描述、采取的重点措施描述、针对重点措施健康效果的评价 3 个部分。本书 10 个典型案例的具体选择原因如表 5.1 所示。

表 5.1　案例名称与选择原因

案例名称	选择原因
2016 年安徽省淮河流域洪水	安徽省淮河流域洪水灾害高发，应对经验丰富
2012 年 "7·21" 北京市特大暴雨	具有短时间特大暴洪特征，引发较多次生灾害，影响程度较大
2016 年武汉市内涝	具有城市代表性，内涝易发生在梅雨季节，时间长，范围广，应对措施多样
2010 年云南省特大旱灾	旱情严重，百年一遇秋冬春连旱，采取了多样化应对措施
2013 年上海市高温热浪	2013 年上海为高温热浪重灾区，热浪持续时间长，出现极端高温，采取了多样化健康应对措施
2008 年南方地区特大寒潮	百年一遇，与北方地区相比，南方地区人们的御寒措施少，与适应性较弱，应对具有代表性
2018 年广东省台风 "山竹"	我国应急管理部成立后应对的第一个特大灾害；广东省历史上第二大超强台风，应对高效迅速，伤亡极低
2016 年江苏省盐城市阜宁县龙卷风	位于平原地区，龙卷风发生频率较高；地区经济水平较高，灾害应对能力具有参考意义
2014 年广东省登革热疫情	广东省疫情暴发频繁，应对传染病经验丰富；2014 年疫情严重，范围广、强度大、出现时间早、传播快、危重病例多，应对高效，有效减少了健康损失
2013～2017 年京津冀地区雾霾	京津冀地区空气污染严重；国家采取系列措施应对，效果显著

5.1　漫堤——2016 年安徽省淮河流域洪水

5.1.1　案例背景

IPCC 全球气候变化报告指出，气候变化可以导致全球的降水趋势和水循环系统发生改变，造成全球极端降水和洪涝灾害范围趋于扩大化，程度更加严重，发生更加频繁。IPCC 评估报告预测全球温度进一步升高，未来极端气候事件引发的气象灾害如洪水将更加频发，对人类健康造成重大威胁（土琛茜，2015）。洪水是一种自然灾害，主要是由于降水异常、快速冰雪融化、风暴潮等非正常自然事件导致江河湖泊水位急剧上涨。自然因素主要包括天气和气候影响，地理环境或地势位置等。根据形成原因不同可分为暴雨洪水、山洪、融雪洪水、冰凌洪水和漫堤洪水。另外，根据不同的水体类型划分，可分为河流洪水、湖泊洪水和风暴洪水等。其中，影响最大、最常见的洪水是河流洪水，尤其是在河流中出现的漫堤洪水会对流域内的基础设施造成严重损害，响应不及时还会造成大量的人员伤亡。

洪水是我国自然灾害中造成死亡的首要原因。严重和频繁的洪水还会造成严重的健康影响，包括伤残、健康质量的下降、营养不良、慢性病发生或恶化、传染病的流行（如呼吸系统疾病、胃肠道疾病和皮肤病），以及一系列心理健康问题，如焦虑、抑郁、创伤后应激反应等。

国际上洪水的适应性策略，主要包括洪水后的饮用水水质监测、针对传染病传播媒介的防控措施、环境卫生干预措施、洪水风险健康教育、心理干预措施、建立洪水安置点，以及洪水高发地区居民的居住地永久迁移等（Schlef et al., 2018；陈东辉等，2016；李俊奇等，2005）。这些措施，在洪水高发地区被广泛使用，可以有效减少洪水造成的健康影响。

我国安徽省是洪水高发地区，根据安徽省水文站网 1961~2014 年监测资料分析，暴雨多发生在 6~8 月，其间暴雨日占全年的 60%~69%。2016 年 6 月中旬，安徽省大部地区出现持续强降雨天气，省内的 73 个县（区）遭受不同程度的洪涝灾害。此次洪水造成受灾人口 1 275 万，转移数十万人，农作物受灾面积万亩，倒塌房屋万间，水利设施损毁万处（程晓陶等，2017）。直接经济损失 158.4 亿元，其中农业损失 64.8 亿元（叶翔等，2016）。

政府应对方面，安徽省共集中安置人员上万人，集中安置点数百个。安徽省自 20 世纪 90 年代以来共发生 4 起较大规模的洪涝灾害，而 2016 年安徽省内流域的洪涝事件，从降水量来说是 50 年一遇的。政府在应对 2016 年洪水时，掌握了很多的经验，如预警发布后第一时间将受灾群众转移到安置点，采取整群安置方法，保持原来建制，按户编号，从而有组织有领导地实施相关公共卫生干预措施和健康教育等。因此，我们选择 2016 年安徽省洪水后采取的适应性策略为典型案例，进行深入分析。

安徽省拥有特定的地理位置和地形地貌，位于淮河流域和长江流域，是河流型洪涝灾害的高发地，造成安徽省洪水的其中一个原因是梅雨反常，安徽省几次特大洪涝灾害都是在梅雨期，降水具有时间长、总量大、频次高、强度大、范围广、降水集中等特点；另一个原因是台风低压深入安徽省，在特定的环流形势下不能顺利地移出，移速减慢，甚至停滞、打转，北方又有弱冷空气南下，多种气团与地形的叠加作用，部分地区会出现日降雨量≥400mm 的高强度降雨，由此会形成局部严重水涝。

2016 年安徽洪水暴雨特征：

（1）强降水时间长，总量大。安徽省 2016 年 5 月 1 日至 7 月 20 日平均雨量为 733mm，较常年偏多 6 成，比 1998 年偏多 4 成，累计过程最大点雨量休宁田里站为 1 544mm。

（2）降雨强度大。安徽省长江流域最大 1d、3d、7d、15d 面平均雨量分别为 89mm、243mm、363mm、507mm。其中最大 3d 降雨量列历史第一位，大于 1969 年（205.8mm），重现期超 50 年；最大 7d 降雨量列历史第一位，重现期接近 50 年；最大 15d 降雨量仅次于 1969 年列历史第二位。

（3）超历史保证水位河湖多。长江干流、三江流域（水阳江、青弋江、漳河）、沿江支流、巢湖流域等区域受强降雨影响，水位猛涨，大部分超历史保证水位，更有 13 条沿江支流（西河、永安河等）出现超历史洪水。导致省内的合肥、淮南、滁州、六安、马鞍山、芜湖、宣城、铜陵、池州、安庆、黄山 11 市 73 个县（区）遭受不同程度的洪涝灾害。

（4）受灾面积大、转移人员多、损失重大。受灾群众高达千万人，出现 27 例死亡事件和 3 例失踪事件，数十万人被紧急转移安置。其中政府集中安置上万人，直接经济损失达百亿元（叶翔等，2016）。

5.1.2 重点干预措施

1. 基层政府利用早期洪水预警系统，进行强制和有组织的洪水前疏散

2014 年 5 月安徽省水利厅发布了《省水文局暴雨洪水预警系统投入使用》通知，该通知标志省水文局新建的暴雨洪水预警系统正式投入使用，在防汛减灾上发挥了重要的支撑作用。根据安徽省防汛抗旱指挥部（省防指）的要求，省水文局集中技术力量对省水文遥测信息网进行改进完善，重点是增加实时预警功能，以满足防汛抗旱需要。暴雨洪水预警系统能在指定时段雨量超过预警阈值或江河湖库水位超过特征水位时自动触发，第一时间把雨水情况信息以短信的方式发送给省、市防汛抗旱指挥部办公室，10 个小时内共发送短信 470 万余条。此次事件，安徽省天气预报准确，天气预报提前几天发布了强降雨和洪水的预警。政府通过电视、广播、电话、微信、QQ 等大众化媒体发布预警，覆盖全省人民（Wu et al.，2019）。

洪水发生前，政府进行了灾区大部分群众的疏散转移工作。大部分群众疏散通常是强制性的，并由安徽省政府下令进行。当地详细且灵活的疏散计划对于确保成功开展疏散和转移安置过程，以及确保有可用的资源并明确划分职责来说至关重要。如果安置点离居住地不远，居民可以自行前往。但是，对于长距离疏散和弱势人群（如老人、孕妇、病人），政府会使用公共车辆进行转移（Wu et al.，2019）。

在 2016 年安徽省洪水期间，政府负责为无法到亲戚朋友处避难的受灾者设置公共安置点，共撤离数十万受灾群众，政府集中转移安置上万人。大多数受灾者同意紧急离开原居住地，选择接受政府组织的安排。对一些经济困难者来说，他们甚至更愿意转移到安置点居住，这是因为他们的安置点离原居住地不远，洪水过后他们的生活得到了政府的支持，包括提供住宿、食物、水、电、通信和医疗保健服务等（Wu et al.，2019）。安徽省的疏散转移安置时间如图 5.1 所示。

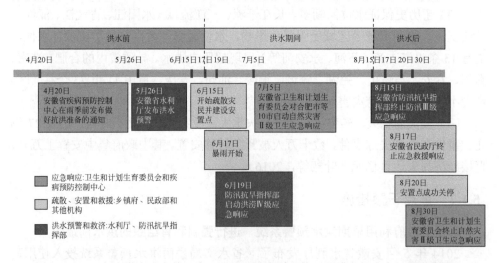

图 5.1　2016 年安徽省洪水前、中、后地方政府采取的不同响应行动表（后附彩图）

2. 设置避难场所，社区提前整群安置，提供稳定的住宿条件、充足的生活条件

洪水发生后，洪水对建筑物的损毁和破坏会造成大量人群无家可归，这些无家可归人群通常需要依靠政府进行紧急的转移安置。这部分人群的安置方式通常有两种，一种是投亲靠友，另外一种是政府的集中安置。我们通常所说的灾民集中安置点就是政府集中安置方式。在 2016 年安徽省洪水期间，政府将大约 65%的受灾群众疏散到公共安置点，政府或非政府组织负责建设公共安置点。

建立安置点的地点是预先选定的，位于高处及安全的地方。安置点最终由乡镇政府决定，因为乡镇政府最熟悉当地的地形和地貌。选择安置点的决策过程不仅是将预先指定的安置点纳入了当地的应急疏散计划，还需咨询公共卫生专业人士，以获得有关公共卫生的专业建议。安置点中预先建造的基础设施提供了各种生活资源（如洁净水、食物、煤气、电力）。2016 年的安徽洪水中，大部分安置点设在学校里，可以提供比 1998 年特大洪水时使用的帐篷更稳定的住所。学校里良好的食堂、厕所和淋浴功能利于生活质量的提高，改善了安置点的卫生环境。大规模安置还使集中卫生管理更容易进行。政府要确保为被疏散人群及时提供安置点、资源、基础设施和恢复生计的支助，作为安置点的学校需要考虑如何重建，使学龄儿童在洪水过后能尽快复学。在安徽省洪水期间，从洪水开始，人们平均待在安置点大约两个月。因为天气持续接近两个月的阴雨，退水十分缓慢，多数灾民无家可归，只能在临时安置点生活，随着洪水逐步退去，灾民会利用白天的时间回家清淤修补房屋，晚上回安置点居住，直至完全返回家中，安置点也就逐渐撤销了（Wu et al.，2019）。

河流洪水会导致社区居民整体被疏散转移到同一个安置点，从而使家庭和社区能够维持原有邻里在一起，以维持正常的社会支持系统。2016 年安徽省的转移疏散，采取洪灾前，高风险社区整群疏散安置的方式。被疏散人群保持洪水前的居住结构，这样的居住安排能让居民保持邻里的熟悉程度，更快地熟悉周围的环境，并能帮助他们获得社区的支持，加强居民对于当地管理人员的熟悉程度。这种转移安置方式可以有效减轻安置点居民在新环境中的焦虑情绪，可以促进居民和当地政府官员之间的相互了解，从而有利于增强社区凝聚力和当地政府管理能力（Wu et al.，2019）。

3. 开展环境卫生干预，减少传染病发病率

2010 年，中国疾病预防控制中心颁布了《自然灾害卫生应急工作指南》[①]，

[①]《自然灾害卫生应急工作指南（2010 版）》。http://www.chinacdc.cn/jkzt/jkcj/gjjzr/jzrjszl/201510/t20151012_120994.html.

在参考国际相关技术标准的基础上，结合我国实际情况，针对临时安置点提出相应的卫生要求，包括水卫生、食品安全、环境卫生与消杀灭、病媒生物、健康教育与医疗、卫生服务等多个领域。相比之前的大棚庇护所，2016 年安徽省将学校作为庇护所，其拥有良好的食堂、干净的厕所和公共居住环境，有些还配有淋浴设施。完备的生活条件改善了群众安置点的卫生环境。集体安置点也使集中卫生管理更容易。在安置过程中，政府还非常注重消毒、杀虫及灾后传染病的控制。这些干预措施能够有效预防和控制洪水后可能发生的传染病。指南中还包括应对自然灾害的技术方案，如水卫生、环境卫生及营养和食品安全等，具体要求如下。

（1）水卫生。①水质要求：生活饮用水的感官性状良好，水质监测合格。②水量要求：饮用水供应每人每天 2L，应尽量供应开水；若不能供应开水，则供应瓶装水。应有专人管理开水供应，登记瓶装水发放情况。生活用水每人每天 15L，应提供集中供水点，每 250 人至少一个供水点。③洗漱设施：供水点或水栓距离安置点距离应<100m。并保证每 50 人配备 1 个水龙头。

（2）环境卫生。①厕所：厕所位置和数量要按人口密度合理布局。厕所位置在安置点常年主导风向的下侧，距安置点距离 20～500m。厕屋要求人不露身，顶不漏雨，通风，防雨倒灌，基本无臭味，并有照明设施。粪坑按无害化要求设计或对粪便及时清理并进行无害化处理，无粪便外溢，不污染周围环境。厕所内及周围无随地大小便现象，厕所有专人负责管理。②垃圾收集：合理布设垃圾收集站点并加强管理，帐篷外配置有带盖的垃圾收集桶（箱），至少每 100 个人 1 个，生活垃圾做到日产日清，及时清运，居住区无垃圾丢弃。安置区要保持经常性的消杀活动，并按要求对垃圾点与污水倾倒处进行消毒杀虫。每个临时居住单元内肉眼可见蚊蝇数量不超过 3 只。

（3）营养和食品安全。①设施要求：设立独立的加工场所，远离污染源（＞25m）；食品加工场所内设立初加工区、餐具消毒区、食品加工区，区域相对独立；食品加工场所建立污水排放设施；建立冷藏设施；设立密闭的垃圾容器等。②卫生要求：专业人员负责食品安全工作，从业人员应勤洗手、勤换勤洗工作服；从业上岗前要进行食品安全知识培训。

4. 提供基本医疗服务与初级卫生保健，保证医疗服务的连续性

此外，政府强调了持续的医疗保健服务。根据指南，要达到充分的医疗保障服务有明确标准。例如，安置点应按每 1 000 名灾民配备不少于 1 名医疗人员的标准提供服务，并设立医疗点或流动医疗队。医疗点应具有治疗常见病和小创伤的能力。

（1）医疗卫生服务点。①临时安置点应设立独立、固定的医疗点，并有明显的标识，方便就诊。②医疗点要有医护人员，有常见药品，此外需要有一名医师作为临时安置点的联系人，在安置点的受灾群众要知道其姓名与联系方式。③医疗点实行首诊负责制，医疗点有能力和条件治疗的疾病要及时主动处理，而没有条件治疗的患者要及时与上级医院或上级卫生院联系，做好转院治疗工作。重视传染病病例管理和疫情监控工作。④重点关注腹泻、发热等常见传染病初期表现的患者，做到疫情"早发现，早切断"。有疫情或异常状况出现时，及时上报当地疾病预防控制中心。

（2）健康宣教。每个安置点要有一名负责宣教人员，开展心理卫生干预和宣传教育。社会公众是防灾的主体。各级卫生部门加强健康教育，利用各种广播、电视、网络、手机报、手机短信、宣传材料、面对面交流等方式，向公众宣传防病救灾的卫生常识，增加公众对突发自然灾害的认知，提高灾民自我防病和自我保护的能力。广泛开展"洪涝自救防护知识"与"喝开水、吃熟食、洗净手"的预防肠道传染病的健康教育知识。另外，采用多种方式，根据洪水发生的特点和可能发生的相关传染病，对灾民和救援人员进行灾后卫生防病知识宣传，普及洪涝灾害卫生防病信息。

（3）心理干预。安徽省根据整体救灾工作部署，综合应用基本干预技术，并与宣传教育相结合，提供心理救援服务。发现可能出现的群体心理事件苗头，及时向上级报告。卫生行政部门根据灾情组织心理干预专家小组开展心理疏导和心理危机干预，重点干预对象为灾区安置点的受灾群众，遭受严重财产损失、伤情严重及亲人丧失的群众及其家属，以及脆弱人群（包括孕产妇、老人、婴幼儿、残疾人等），消除他们心理焦虑、恐慌等负面情绪。除了受灾人群的生理伤痛，宣教人员还要了解受灾人群的心理健康状况，《中国精神卫生工作规划（2002—2010 年）》指出，"发生重大灾难后，当地应进行精神卫生干预，并展开受灾人群心理应急救援工作，使重大灾难受灾人群中 50%获得心理救助服务"。

表 5.2 总结了安徽省安置点卫生、环境与医疗干预措施及其基本标准（Wu et al.，2019）。在安徽省洪水期间，这些干预措施被要求在洪灾安置点实施。

5. 协调多部门的综合风险管理系统

在我国，地方政府是独特的区域灾害应急指挥中心，可以向多个机构下达命令，协调疏散和转移活动。在安徽省的案例中，国家减灾委员会、应急管理部针对安徽省严重暴雨洪涝灾害启动国家Ⅳ级救灾应急响应并派出工作组到灾区慰问，稳定民情，并指导和协助当地政府部门开展抢险救灾工作。

表 5.2　安置点卫生、环境与医疗干预措施及其基本标准

干预方面	基本标准概述	关键点
住宿	安置点应使用现有的建筑，如学校或体育场馆，这些建筑能够提供各种生活条件，如食堂和淋浴，并有官方通信设施；在安置期间，尽量利用安置点维持灾民原有的生活安排；安置点开放时间是灵活的，取决于恢复时间，可以长期开放	使用已建的公共建筑； 提供食堂餐饮； 提供淋浴； 提供官方沟通渠道； 保持原来的社区安排； 允许长时间居住
水卫生	安置点应提供充足的饮用水（每人每天 2L），并提供集中供水点（每 250 人至少有一个供水点）；需要对饮用水卫生进行监测和检查	饮用水充足； 集中供水； 饮用水卫生监督检查
食品安全	安置点应为灾民提供充足的食物（防止营养缺乏，合理补充蛋白质、热量、维生素和矿物质）；集中供应安全食品。食物的主要来源是政府或社会；食物需要煮熟或预先准备；餐饮服务人员需要健康资格检查	充足的食物； 集中的食物供应； 煮熟的食物； 预先制备的食物； 餐饮服务人员健康资格检查
环境卫生	安置点应设置集中的垃圾收集站点，配备垃圾收集容器，进行集中处理或者焚烧；安置点应设置排水沟，减少安置点内苍蝇和老鼠的数量	垃圾集中收集； 垃圾收集容器； 垃圾集中处理或焚烧； 设置排水沟； 减少苍蝇、老鼠数量
厕所	应该有足够数量的厕所供安置点灾民使用；厕所里的粪便要及时清理；厕所附近应配备洗涤设施，并需定期消毒和杀虫处理	卫生间数量充足； 及时清理清洗设施； 定期对卫生间消毒杀虫
医疗服务	按照每 1 000 名灾民配备不少于一名医务人员的标准，建立医疗点或巡回医疗队；医疗点应具有治疗常见病和小创伤的能力；所有医疗点都需要登记和报告传染病和监测症状；提供心理健康咨询服务	设立医疗点； 常见疾病的治疗； 传染病登记及报告； 心理健康咨询
公共卫生服务	安置点应通过健康教育来推广健康知识；安置点应为脆弱人群制定公共卫生服务项目，如为孕妇、新生儿探视和产后随访提供医疗保健服务；提供儿童保育；为老年人提供健康指导；严重精神疾病的患者管理	健康教育； 孕妇保健服务； 新生儿访视； 产后随访； 儿童医疗保健服务； 为老人提供健康指导； 严重精神疾病患者管理

（1）中央政府派出专家向当地应急管理人员提供专业建议，帮助当地的特快专递工作。《安徽省人民政府办公厅关于印发安徽省防汛抗旱应急预案的通知》中指出"县级以上人民政府应将防汛抗旱经费纳入地方财政预算，确保防汛抢险、抗旱救灾应急所需。中央财政下拨的特大防汛抗旱补助费，应及时安排，专款专用"。

（2）多部门联动协作机制初步形成。例如，当地卫生机构主要负责公共卫生和健康；当地民政部门负责灾民的安置和住宿；安徽省生态环境厅协调水质监测和改善；卫生部门负责收容所内外的卫生工作；部队和红十字会参加迅速提供必要资源和医疗救助的活动；非政府组织志愿者在日常救灾工作中发挥重要作用，包括食品加工、救灾物资分配、健康教育等。

（3）政府多层级的防汛现场指挥组织初步形成。2017 年《安徽省人民政府办公厅关于印发安徽省防汛抗旱应急预案的通知》里提供了防汛现场指挥机构组成，如图 5.2 所示。

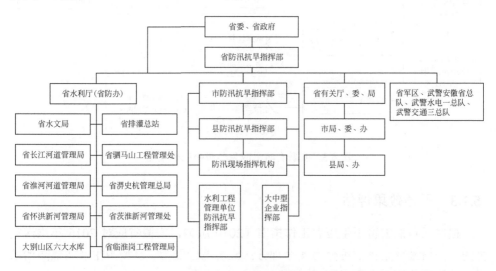

图 5.2 安徽省防汛抗旱应急组织指挥体系图

①当发生全省性大洪水时，省防指设立长江、淮河前线指挥部，省委、省政府负责同志任指挥长。当干流及主要支流堤防、水库等出现重大险情时，视情组建现场指挥机构，由当地党委或政府主要负责同志担任指挥长，负责组织、指挥、协调现场抢险救援工作。

②现场救援指挥部成员包括：事发地政府及其有关部门负责人、应急救援专家、应急队伍负责人及省有关单位人员等。

③市、县（区）设立防汛抗旱指挥部，负责组织、指挥、协调本行政区域的防汛抗旱工作。

④省防指成立专家组，由相关专业的技术和管理专家组成，为防汛抗旱指挥决策、应急处置等提供咨询和建议。

按洪涝、旱灾的严重程度和范围，应急响应行动分Ⅳ级（一般）、Ⅲ级（较大）、Ⅱ级（重大）和Ⅰ级（特别重大）4 个等级，满足不同程度应急响应条件，具体行动由省防办提出启动建议，报省防指总指挥决定，如图 5.3 所示。

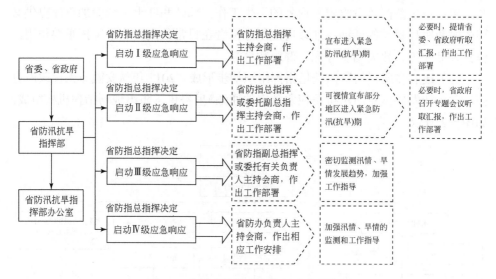

图 5.3　安徽省防汛应急分级响应框架图

5.1.3　干预效果评估

根据《自然灾害卫生应急工作指南（2010 版）》，安徽省应对 2016 年洪涝灾害的干预措施效果评估可分为 4 个部分：应急响应能力、环境卫生及病媒防治效果、传染病监测和心理干预。

1. 应急响应能力呈逐年上升趋势

应急响应能力包括防洪除涝能力、监测预警能力、抢险救灾与恢复重建能力、灾害管理能力等方面（黄大鹏等，2011），考虑量化需要和数据可得性，上述能力的分化如表 5.3 所示。

表 5.3　应急响应能力评估指标体系

Ⅰ级指标	Ⅱ级指标	Ⅲ级指标	指标解释
防洪除涝能力	防洪除涝能力	有效灌溉面积比例/%	有效灌溉面积占耕地面积的百分比
		除涝面积比例/%	除涝标准达到 3 年一遇以上的耕地面积占耕地总面积的百分比
		堤防保护耕地比例/%	堤防保护耕地占耕地面积的百分比
监测预警能力	监测能力	气象站点密度/（个/km²）	气象站数量与区域面积的比值
	预警能力	人均通信工具/部	通信工具数量与总人口数的比值
抢险救灾与恢复重建能力	人力支持	15～64 岁人口比例/%	15～64 岁人口与总人口的比值
	个人财力支持	人均居民储蓄存款/万元	区域年末储蓄额与人口的比值
	政府财力支持	救灾资金比例/%	可用救灾资金与当年区域生产总值的比值
	物资运送能力	单位土地面积公路里程/（km/10⁻⁴km²）	公路总里程与区域面积的比值
	防灾减灾意识	非文盲人口比例/%	非文盲人口占总人口的百分比
	医疗救护能力	人均病床数/（张/万人）	病床数量与总人口的比值
灾害管理能力	专业人员管理水平	专业管理人员比例/%	防洪管理人员占所有管理人员的百分比

根据表 5.3 展示的应急响应能力评价指标体系和指标体系各构成要素之间的关系，采取胡俊锋等（2010）提出的能力评价模型分别计算安徽省 2015、2016、2017 年防洪减灾指数，对比三年数据，我们评估了安徽 2016 年洪水干预措施效果：

$$C=q_1C（e）+q_2C（m）+q_3C（r）+q_4C（d）$$

其中，C 代表应急响应能力指数，指数越高表示防洪能力越强；$C（e）$ 代表防洪除涝能力指数；$C（m）$ 代表监测预警能力指数；$C（r）$ 代表抢险救灾与恢复重建能力指数；$C（d）$ 代表灾害管理能力指数。$q_1 \sim q_4$ 代表各项能力对应权重。

该案例采用层次分析法对应急响应能力评价这一定性问题进行定量分析，q 值确定的关键在于构建判断矩阵，也即确定各个目标的相对重要性。最终确定各项评估指标权重分配如表 5.4 所示。

表 5.4　评估指标权重分配

Ⅰ级指标	权重	Ⅱ级指标	权重	Ⅲ级指标	权重	指标复合权重
防洪除涝能力	0.299	防洪除涝能力	1.000	有效灌溉面积比例	0.540	0.1615
				除涝面积比例	0.163	0.0487
				堤防保护耕地比例	0.297	0.0888
监测预警能力	0.158	监测能力	0.333	气象站点密度	1.000	0.0526
		预警能力	0.667	人均通信工具	1.000	0.1054
抢险救灾与恢复重建能力	0.454	人力支持	0.113	15～64 岁人口比例	1.000	0.0513
		个人财力支持	0.225	人均居民储蓄存款	1.000	0.1022
		政府财力支持	0.343	救灾资金比例	1.000	0.1557
		物资运送能力	0.153	单位土地面积公路里程	1.000	0.0694
		防灾减灾意识	0.121	非文盲人口比例	1.000	0.0549
		医疗救护能力	0.045	人均病床数	1.000	0.0203
灾害管理能力	0.089	专业人员管理水平	1.000	专业管理人员比例	1.000	0.0890

　　基于表 5.4 给出 q 值及表 5.5 给出的能力指数，可以计算出 2015～2017 年各年份应急响应能力指数，三年变化情况如图 5.4 所示。从图 5.4 可以得出，2015～2017 年安徽省防洪能力整体提高，其中监测预警能力和灾害管理能力在 2016 年略微下降，推测可能是 2016 年大规模洪水所致，而防洪除涝能力及抢险救灾与恢复重建能力逐年升高。

表 5.5　2015～2017 年安徽省应急响应各项指标能力指数[1]

指标	能力指数		
	2015	2016	2017
有效灌溉面积比例	0.749	0.755	0.766
除涝面积比例	0.397	0.401	0.408
堤防保护耕地比例	0.473	0.471	0.481
气象站点密度	0.0177	0.0175	0.0175
人均通信工具	0.802	0.800	0.869
15～64 岁人口比例	0.700	0.700	0.690
人均居民储蓄存款	2.797	3.044	3.284
救灾资金比例	0.182	0.179	0.180
单位土地面积公路里程	1.335	1.411	1.452
非文盲人口比例	0.942	0.944	0.946
人均病床数	43.531	45.664	48.873
专业管理人员比例	0.981	0.949	1.360

---

① 数据来源：《安徽省统计年鉴 2015》《安徽省统计年鉴 2016》和《安徽省统计年鉴 2017》。

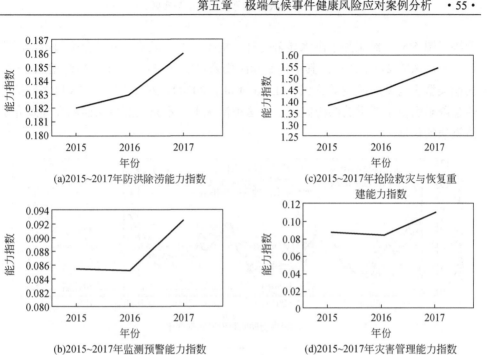

图 5.4 2015~2017 年各年应急响应能力指数

2. 安置点环境卫生干预效果较好

为保障民众生命安全，2016 年安徽省政府将数万名受洪涝影响的灾民转移到了分布全省各地数百个安置点中。《自然灾害卫生应急工作指南》对安置点的环境卫生、饮用水卫生、食品安全、健康教育等方面做出了规定。根据 Wu 等（2019）对 69 个安置点的抽样研究，可以对安置点环境卫生及病媒防治情况进行评估。可以看出，在 2016 年安徽省洪水中，设立的 69 个安置点中，80%以上的安置点各项指标（疾控中心卫生和环境执行标准）均得以完成。例如，清洁的饮用水、食品安全、厕所卫生、虫媒环境卫生、连续医疗服务提供等多方面的状况良好，符合国家疾病中心规定的执行标准，从而较好地防止了传染病的滋生和传播。

3. 传染病控制效果略显一般

此次洪水后，洪灾地区灾民仍出现腹泻等传染病比例升高的现象。根据安徽省卫计委公布的 2016 年 6 月全省法定传染病报告发病、死亡统计，6 月份甲乙丙类传染病总计发病 44 886 起，丙类传染病发病 32 043 起，其中其他感染性腹泻病 9 173 起。在随后几个月里，其他感染性腹泻发病数始终居高不下，直到 10 月份仍是报告发病最多的病种，研究显示感染性腹泻与此次洪涝灾害有着密切联系。

使用调整后的双重差分模型分析洪涝地区和非洪涝地区在洪水前后腹泻发病

趋势（图 5.5），结果显示洪水显著提升了痢疾的发病风险，并且会引起洪水后腹泻总发病风险 21%的增长，其中伤寒和副伤寒风险增加 49%，痢疾风险增加 36%，其他类型腹泻发病风险增长 9%（Liao et al.，2020）。2016 年 6 月 18 日之后接连的强降雨引发了严重的洪涝灾害，在这种情况下，不充足的疾病监测会导致介水传染病的传播。

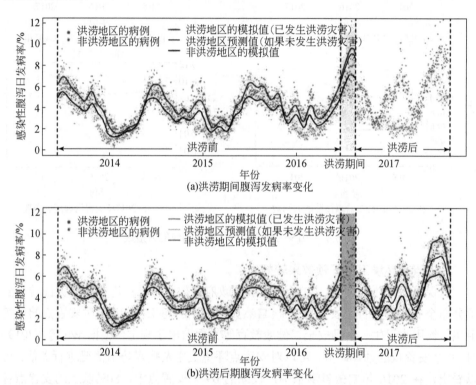

图 5.5　2014～2017 年洪涝地区和非洪涝地区感染性腹泻日发病率（后附彩图）

图 5.6 显示与往年相比，2016 年洪水来临后安徽省洪涝地区感染性腹泻的发病率迅速上升并达到峰值（Zhang et al.，2019），且在此后一段时间内，洪涝地区和非洪涝地区发病趋势出现了极大偏差，非洪涝地区发病率下降的同时洪涝地区发病情况持续上升，这与往年同样有夏季暴雨洪水时的情况不符；另外，洪水结束后洪涝地区感染性腹泻发病情况出现了数次反复，这些现象表明，洪涝地区的疾病监测工作并不完善，针对高危地区的腹泻等传染病，仍需加强管理工作。根据安置点抽样研究，结果表明，大概 87.5%的安置点及时登记报告传染病，82.8%的安置点能够做到症状监测，2016 年洪涝期间还未能达到百分之百

的覆盖（Wu et al.，2019）。

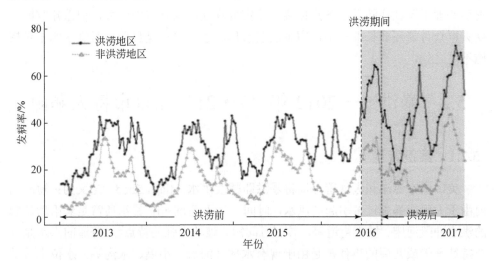

图5.6 2013年1月～2017年8月安徽省感染性腹泻发病情况（后附彩图）

4.心理干预效果仍显不足

洪水带给人类的伤害并不仅限于身体和物质，不管是其巨大的破坏力和冲击力还是由此产生的流离失所，都可能给受灾民众带来抑郁、焦虑、创伤后应激反应甚至产生自杀倾向，因此灾后的心理咨询尤为重要，然而目前心理干预还是整个抗洪救灾链条中非常脆弱的一环。

安置点条件相对完善，非安置点居民生活难以保障。2016年洪水后，有近3万名受灾群众因种种原因没有转入政府安置点，他们无法得到政府派发的食物、水和包括心理咨询的医疗服务。安置点的心理服务效果也不显著。在吴家兵等对69个安置点的抽样调查中，只有51.4%的安置点提供心理咨询（Wu et al.，2019）。根据2016年安徽省洪水后居民心理健康情况定量研究（Zhong et al.，2020），安置点居民与非安置点居民的心理健康情况，包括抑郁、焦虑和创伤后应激反应等心理疾病自评比例的情况，均普遍存在。例如，此次洪水转移安置居民抽样中，分别存在16%、37%、16%比例的焦虑、抑郁和创伤后应激反应的问题；而未转移安置的居民样本心理健康问题更加明显，分别存在35%、39%、38%比例的焦虑、抑郁和创伤后应激反应情况（Zhong et al.，2020）。可以看出，安置点整体化的政府治理、公共服务提供、清洁的环境、医疗的可获得性有效减少了心理健康问题。但是，根据我们的抽样研究发现，无论安置点还是非安置点，接受心理干预的人群比例较低，安置点开展比例为15.29%，非安置点居民区为14.29%。这完全无法满足目前严重洪水后，人群心理疾病得到救治的迫切需求。另外，目前灾后心理干预往往随着医务点撤离或受灾群众迁出安置点而结束，但重建家园的受灾群众可能还要长期与洪水留下的阴影作斗争，这也是目前应对洪水的干预措施不足之处。

5.2 暴洪——2012年"7·21"北京市特大暴雨

5.2.1 案例背景

美国国家海洋和大气管理局将暴洪即骤发洪水（flash flood）定义为：短时间内由于大雨或暴雨过多引起的洪水，时间一般不超过 6h，暴洪通常是暴雨后湍急的洪水冲毁河床、城市街道等，具有时间短、破坏力强的特点[①]。普通的洪水是一个持续几天或几周的事件，是由于现有水体（河流、小溪、水沟等）水位上升造成周边干燥地区被淹没的现象。河流堤岸附近、山谷区域等都是暴洪易发地区。例如，1889 年宾夕法尼亚州约翰斯敦上游的大坝决堤，在几分钟内造成 2 209 人死亡。另外，人口稠密的城市是暴洪的高风险地区之一，由于突如其来的洪水会对地下建筑（停车场、地下商城、地下室等）造成极大冲击，造成严重的财产损失和人员伤亡，高速流动的水流会在瞬时摧毁地下建筑的基础设施和布置，其中杂糅的物体碎片给附近人群带来生命威胁。如果暴洪发生在山区还有可能引发泥石流，对周边地区产生更加巨大的影响。

世界卫生组织统计显示[②]，暴洪灾害造成的人员伤亡中溺亡占三分之二，其余则是身体伤害、心脏病发、触电死亡、一氧化碳中毒和火灾。在发达国家暴洪带来的传染病风险相对较低（肠胃疾病、呼吸道疾病等），但是由于洪水破坏房屋建筑造成大量人员居无定所，容易造成交叉感染事件发生；而基础设施的损毁增加了为慢性病患者的提供常规照护的难度。另外，暴洪会对心理健康有长期影响，例如，创伤后应激障碍及长期浸染在负面情绪中，不利于人群的正常生活（Ohl et al.，2000）。

如何降低暴洪的健康风险，有学者总结以下应对策略：①通过种植更多树和草，扩大下垫面范围、增加湿地面积、分流河道等方式增强城市疏水能力从而进

---

① Definitions of flood and flash flood. https://www.weather.gov/mrx/flood_and_flash.

② How flooding affects health. https://www.euro.who.int/en/health-topics/environment-and-health/Climate-change/news/news/2013/05/how-flooding-affects-health#:~:text=Health%20effects%20observed%20during%20and,health%20services%20and%20delayed%20recovery.

行预防和缓解；②通过建设和加固堤坝水坝降低瞬发溃堤的风险；③通过结构性措施从源头改变风险的空间分布，如修改航道、建设防洪闸和滞留池等；④做好安置点的选址与建设工作，设计疏散计划、疏散路线和预留疏散空间；⑤完善排水系统等措施降低暴洪水流速度；⑥在暴洪发生后封闭淹没道路和危险区域，设置障碍物用作提醒；⑦对民众进行自救和暴洪风险规避教育宣传；⑧地方开展快速有效的应急响应工作，如快速救援、疏散、及时的信息沟通等；⑨保证受灾群众的基本生活需求；⑩提供医疗卫生服务及提供心理咨询服务（Zhong et al.，2013）。

在全球气候变化背景下，全球各地的气象系统呈现更多样的组合形式，使得气象预报的难度不断增加，我国北京市所在华北地区地形地貌复杂多样，加之气温上升带来的水循环系统的变化，使得极端气候事件发生频率增加。华北地区80%～90%的暴雨出现在6～8月，并且主要集中在7月下旬～8月上旬，即所谓的"七下八上"（陶诗言，1980）。

丁一汇等（1980）对1958～1976年华北地区的33次暴雨过程进行分析后，归纳了造成华北暴雨的天气形势特点：华北暴雨主要发生在东高西低或两高压对峙的环流形势下；低涡、暖切变线和低槽冷锋是造成华北暴雨的主要天气尺度系统；华北强烈的暴雨大部分出现在两个或两个以上天气系统的相互作用或相互叠加的情况下；大部分暴雨发生时有低空急流的出现；华北地形对暴雨的出现有一定的作用。

北京作为我国政治、文化中心，是我国城市化水平最高的城市之一，近年来，多次发生强降水事件，对经济社会发展造成了严重影响。有学者对极端天气下北京市暴雨洪涝淹没风险进行研究，研究显示，在全球升温1.5℃和2℃时，城区极端降水呈现增加趋势，被淹没风险和面积有所增加，郊区淹没风险分布特点和基准值基本一致，故对北京暴雨内涝问题研究有利于未来对类似灾害发生的预防（张君枝等，2020）。

2012年7月21日，北京出现强降雨事件，不到一天的时间，全市的平均降雨达到了163mm，北京市气象台一天之内发布了5次预警，"61年一遇"的暴雨，引发了房山区的山区泥石流等灾害，造成了主城区部分交通瘫痪，轻轨、铁路断运，农田被淹。2012年7月22日3点后，降雨开始慢慢减弱，8点左右完全结束。据不完全统计，一天内，首都机场便取消571架航班，8万多名旅客滞留机场；此次强降雨事件总计造成79人死亡，紧急转移9.7万人，直接经济损失116.4亿元（连治华等，2018）。

俞小鼎（2012）从气象系统的角度，分析了北京市"7·21"特大暴雨的成因，认为高空低槽伴随地面冷峰东移、2012 年第八号台风"韦森特"与副热带高压形成的气压梯度、河套地区的低层涡旋的发展等多种气象系统促进该次极端降水事件的发生。孙继松等（2012）结合暴雨发展过程和周边的地形特点分析，指出该次降水分为两个阶段，表现为锋面降水，而第一次降水具有"列车效应"的传播特征加上周边山脉地形的影响，使得该次降水维持时间长，强度大。尤焕苓等（2014）对此次暴雨过程时空特征进行分析，认为城市地区的热岛效应和下垫面粗糙度等因素对该次气候异常事件有一定的影响。

图 5.7 显示了北京市暴洪造成的内涝点分布图。

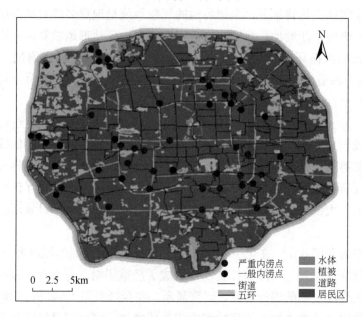

图 5.7　北京市暴洪造成的内涝点分布点（后附彩图）

"7·21"特大自然灾害情况通报会上，市政府新闻办对受灾情况进行公布[①]，结合北京地区气象台观测数据，此次受灾特征包括：

（1）降水范围大，降水量暴增。全市累计降雨量大于 100mm 的气象监测站数达 211 个，占全部监测站数 92%，96 个监测站累计雨量大于 200mm，12 个监测站大于 300mm（尤焕苓等，2014），北京市的 20 个国家级气象站中海淀、门头沟、霞云岭、石景山、房山 5 个站突破建站极值，房山的河北镇为 460mm（水文站），气象监测站观测的最大降雨量为河北固安的 364mm。此次降雨是北京地区自 1951 年

---

① 北京市政府召开"7·21"特大自然灾害情况通报会。http://www.gov.cn/gzdt/2012-07/26/content_2192098.htm.

以来最强的一次降水天气过程（孙建华等，2013）。

（2）降水持续时间长，强度大。北京市多数地区降水时长超过 16h，部分地区甚至长达 20h。全市平均雨强①高值阶段出现在 21 日 18：00～21：00；最大平均雨强中心，出现在东北和西南两个区域，平谷挂甲峪站在 20：00～21：00 的雨强高达 100.3mm/h，成为此次过程的最大点降雨强度（尤焕苓等，2014）。

（3）受灾范围广，经济损失严重。北京市受灾人口 160.2 万人，79 人死亡，紧急转移 9.7 万人，成灾面积 47.9 万亩，绝收 12.2 万亩，停产企业 761 家。因灾造成直接经济损失 116.4 亿元。

5.2.2　重点干预措施

1. 对天气和汛期监测预警

由于城市暴雨是内涝灾害的最直接驱动力，故精准监测、及时预警是应急响应的重要基础。自 1990 年后，北京降雨特点发生了改变，从全市区域降雨转变为历时短的局部强降雨，同时，城市化产生的热岛效应规律尚未明晰，加大了城市预报的难度（邸苏闯等，2016）。

北京市的汛情预警主要包括三类，暴雨预警、洪水预警和地质灾害风险预警；随着近年来防汛信息化的建设，北京市在预警监测方面，在天气预报的基础上，综合了雷达回波、遥感技术、降雨量、数值模拟预报等信息，能够较为精准、及时预报天气情况（王毅，2015）。

此次灾前的半小时，气象局发布了蓝色暴雨预警，联合国土资源局发布了地质灾害预警。预警信息发布途径广，包括 3 000 多块社区大屏、移动电视、中国气象网、微博、电视、广播等。

2. 建立汛期的联防联控机制

2012 年 7 月 19 日，北京市政府公示了《北京市防汛应急预案（2012 修订）》并启动了Ⅳ级应急响应，指导应急救援行动有序进行。市应急指挥部统一指挥部署，中国人民武装警察部队北京市总队、企事业单位、市相关部门协同响应，共同抵御强降雨灾情。

指挥部建立了雨洪调度联动机制，主要有预警发布、各级调度的流程、信息沟通等。指挥部与气象部门通过异地会商制度及时取得细致的天气预报内容，并由市级的防汛指挥部下发给分指挥部。分指挥部积极响应，并主动将工作情况、

---

① 雨强定义为单位时间内落到单位面积（一般为 1km×1km，2km×2km，4km×4km 三种）上的水的质量. 该产品的绘制方法可以参照 VIL（垂直累积液态降水量）的绘制方法。

出现紧急状况报告给上级指挥部（阴悦，2010）。

灾害发生后，市政府发布了《北京市人民政府办公厅关于加强暴雨受灾地区卫生防疫工作的意见》。该文件中要求落实属地、部门、单位、个人的"四方责任"，而不是卫生部门一个部门的责任。该文件也明确了北京市疾病预防控制中心（以下简称疾控中心）主要负责技术指导，同时也明确了农业部门、市政市容、环保、水务、商务、工商、食品监督等部门在灾后防疫工作的任务和责任，有利于跨部门的合作分工。针对此次事件各部门分工协作具体内容，如表 5.6 所示。

表 5.6　各部门分工协作具体内容

部门	工作内容
市爱卫办、市政市容委	在卫生防疫专业技术人员的指导下喷洒化学杀虫剂，降低蚊蝇、鼠等病媒生物的密度。市政市容委要积极组织垃圾清运、粪便处理和废墟清除工作
农、林、畜牧部门	做好溺死家禽尸体的无害化处理，做好相关养殖场的消毒工作，清扫卫生死角，喷洒消毒杀虫药水（周祖木等，2010；林立丰等，2008；Taylor，2005）
工商、食品监督等部门	高度关注食品安全、加强市场食品、饮水的安全供应，严防不合格食品流入市场和灾区，杜绝非法交易售卖溺死畜禽的行为
环保部门	应对灾区内污染水的排放提出明确要求，确保污水排放合格
卫生部门	迅速摸清此次受灾污染的水源、受灾群众居住地、食品供应等相关数据和资料，开展有效的监测并提出有针对性的防疫建议

对暴洪现场的救援工作，根据北京市召开的"7·21 强降雨新闻发布会"所公布的数据显示，呈现军民联动，共度危机的状态，全市参加本次强降雨应对人数为 16 万余人。其中：解放军出动兵力 2 300 人，武警部队出动兵力 890 人；市重大办共出动巡查人数 2 100 人；市住建委共出动 2 740 人，检查平房 6 818 间，楼房 2 127 栋；市交通委出动 2 万余人，抢险车辆 2 000 余台；市交管局出动警力 4 068 人；城市排水集团、自来水集团等城区各应急排水队伍共出动抢险人员 1.2 万余人，出动道路巡查车辆 610 套，累计排水近 140 万 m^3；市电力公司共出动抢险队伍 4 300 余人，对 189 个防汛重点设施的供电线路进行看护；各区县防汛指挥部共出动抢险巡查人员 49 305 人[①]。

3. 开展汛期防疫和健康干预工作

北京疾控中心，在 2012 年 7 月 22 日清晨雨停后，便组织各部门的工作人员前往灾区开展灾后防疫、风险评估、现场监测等工作。但市疾控中心当时并没有专门的抗灾防疫应急预案，为了更好指导现场抗灾工作，疾控中心紧急召集专家组编写并下发了水污染处置指南、防疫工作指南、病媒控制指南等多份文件（黄

---

① 北京市召开 7·21 强降雨新闻发布会。https://china.caixin.com/2012-07-23/100413667.html。

若刚等，2014），指导工作规范顺利完成。

在灾民安置方面，为了安全妥善安置灾民，施工方 7 月 26 日开始进行选址，选择地势较高，水电设施较为便利的地点。街道办等积极配合做好地块剩余地上物的迁移、清理，抓紧进行坟墓迁移、树木伐移等工作，短时间内配置安置房设计参建人员约 10 000 人，机器设备 300 台，最终建成安置房共计 5 731 间[①]。

在饮用水与食品监控方面，市卫生监督所组建 9 个应急小分队，对近 600 家生活饮用水水源地进行饮用水污染情况排查，对各家各户的饮用水进行快速监测，及时发现问题解决问题，督促相关单位做好饮用水消毒和净化工作，加强降低灾后水污染疾病发生的几率。另外，防止淹死、病死畜禽产品流入市场，市食品办统一调配全市大型移动实验室、食品安全应急保障车和快速检测车，重点监测自备井水、瓶（桶）装饮用水、蔬菜、畜禽、水产品五大类食品，设置 12315 等投诉渠道供市民反馈，对于重大食品安全隐患早发现早协调解决[②]。

在传染病监测和防控方面，在灾民集中安置点，疾控中心实施了健康巡诊制度。同时，给医务工作者、相关卫生人员等印发规范传染病处理的书籍，加强对传染病进行症状监测、肠道传染病的门诊监测；在环境卫生方面，北京市疾控中心在灾区进行了饮用水水质监测，并对水源水质进行监测排查、安装消毒设施和消毒，受污染的水源停止供水，需在彻底消毒并检测合格后才能继续供水。北京市疾控中心指导当地居民开展动物尸体无害化处理，并对现场进行消杀、灭蚊、蝇、鼠等工作；在健康宣教和风险沟通方面，7 月 22 日，北京市疾病预防控制中心主动与媒体部门取得联系，通过电视、电台、报纸等媒体媒介向居民们发布多种形式的灾后防疫知识，包括专家访谈、新闻通稿、视频短片等。

同时，为了覆盖到公众的信息盲区，特别是老年人、儿童等脆弱人群，县疾控中心深入街区、乡镇进行灾后健康教育活动（黄若刚等，2014）；在心理干预方面，由于内涝灾害的冲击及个别部门反应较迟缓，灾民悲观情绪较重，对此现象，北京市疾病预防控制中心工作人员对部分灾民进行心理疏导，引导其用积极向上的心态对待灾情和重建家园的工作，主动行动起来开展卫生防病工作。

4. 加强城市排水防涝防洪工程建设

从 2000 年开始，北京市围绕开源、节流、保护和合理利用 4 个方面制定了26 项加强水资源管理和节水工作的对策措施。其中关于雨洪利用的有 3 项，包括建设雨洪利用工程、制定城市雨洪利用政策、砂石蓄积雨洪利用回灌工程。同时，

---

① 北京特大暴雨灾民临时安置房完工 明天交付使用。http://news.sohu.com/20120804/n349843551.shtml.
② 房山受损房屋 11 月底前修缮 灾民或在安置房过。http://news.sohu.com/20120729/n349274484.shtml.

从 2000 年开始开展的"北京城区雨洪控制与利用技术研究与示范"项目，设计雨洪控制与利用体系，集成雨洪收集、滞蓄、调控的技术体系，建立利用透水地面和绿地消纳雨洪的技术体系，该项目在中关村、奥运会中心场区、珠江国际城等多地得到良好运用与推广（张书函等，2005）。2001 年，北京成为我国首批建设雨洪控制工程的城市。2003 年 3 月北京市规划委员会和北京市水利局共同制定并发布了《关于加强建设工程用地内雨水资源利用的暂行规定》，作为雨洪利用的政策依据，而后为适应"新北京、新奥运"和北京率先基本实现现代化的战略要求，北京确定了水利发展战略目标和十大水利建设任务，其中就包括雨水利用工程。在灾害发生前，北京市已经初步构建了五位一体的雨洪控制体系，从建筑表面、绿化系统、硬化路面、排水管道和江河湖海等水网等方面，对雨洪进行控制和利用。同时，该体系还可以涵养水源、缓冲污染、合理利用降雨和洪水等。

5.2.3 干预效果评估

1. 存在积水高危风险区，监测预警较为精准，但缺少对重点部位的监测预警

灾害发生时，北京市非工程措施相对完善，每年编制防汛应急预案，包括水库河道防洪专案和立交桥"一桥一预案"，但排涝建设较为滞后，2012 年使用的依旧是 1995 年编制实施《北京市区防洪排水规划》，而防洪排水规划中，缺失专项规划（陈筱云，2013）。同时，从 2001 年开始建立的雨洪控制工程，更多关注于雨水再利用问题，对内涝的考量较少，故在此次强降雨发生时，只有故宫和北海团城地面几乎没有积水，北京城其他地段都有不同程度的积水。这些积水情况，一旦发生在人群密集的街道和住宅，极易导致伤亡高危因素的出现。

2012 年 7 月 19 日 9 时 30 分，北京市气象台首次发布暴雨蓝色预警，在这一天内，北京市气象台共发布 5 次雷电或暴雨预警。此次强降雨事件中，北京气象台预警预报较为及时、准确，但预警指标不够细化、分区发布暴雨预警部分略显欠缺（邸苏闯等，2016）。对重点部位的监测不足，信息获取和预警不及时，导致了一些危险的发生，例如，京港澳高速发生严重积水，但没有及时封锁高速公路入口，导致大量车辆在无法通行的情况下行驶入高速被困；广渠门桥下积水，水深达 4m，一辆小轿车车主企图涉水冒险冲过，结果被困水中，造成人员伤亡（姚翔等，2013）。

2. 应急响应及时，暴洪中道路快速处置和救援能力不足

灾害发生时，政府各部门按照《北京市防汛应急预案（2012 年修订）》进行应急响应，并没有制定针对城区短时间暴洪与内涝的专项应急预案。有关部门和有关行业的应急专项预案缺失，由于高强度降水集中在较短时间之内，会存在行人及车辆被困水中等待救援的情况，由于相关部门信息沟通不及时，容易导致错过最佳的救灾时间，尤其遇到交通高峰，存在救援效率不足的情况。虽然北京市建立多项应对内涝的机制，例如，建立发生汛情时的会商机制；建立保障公共区域和奥运场馆的对接机制；雨天时，建立派遣工作人员在各街区巡查的报告责任机制；建立交通联动机制；建立数据统一管理机制等（王毅，2015）。但在本案例中，某些机制尚未能较好发挥作用。例如，在此次大暴雨发生时，在高速公路收费站已经严重积水的情况下，交通运输部未及时采取应急措施，依旧收费放行，使得交通严重拥堵。由此可见，在机制实施过程中，还需要加强监管和信息沟通，落实各项责任。

3. 环境卫生良好，传染病防控较好

灾害发生之后，疾控中心立即对受灾地区进行了风险评估，结果显示房山区21个乡镇水源受到污染，存在高度肠道传染病的致病风险，部分地区蚊、蝇、鼠密度迅速升至灾前3倍左右。疾控中心立即对其进行卫生处置，累计开展灾区消毒、杀虫、灭鼠面积 2 621 277.8m^2，共对996个场所进行了消毒；使用消毒药剂 14 881.756kg。在第10天和第30天时，对其回访调查显示，蚊、蝇、鼠等生物与去年同期相比，密度基本一致，灾区未暴发急性消化道、虫媒病等传染病（方芳，2012）。

灾后的饮水安全是灾后传染病防控的首要问题。此次受灾期间，针对饮水安全采取了两项措施：①进行生活饮用水排查，疾控人员累计监测饮用水水源 1 098 个，覆盖人口 3 295 078 人；指导饮用水水源消毒设施718个。在进行卫生处置后，各户自备井处安装了净水消毒设施的饮用水都是合格的；②监测每日健康状况，灾区肠道门诊1个月内全部恢复运营，未发生食物中毒及肠道传染病、介水传染病和食源性疾病的暴发和流行，全市传染病疫情平稳。根据国家传染病信息报告网络数据，灾害发生1个月内，受灾地区没有出现聚集性肠道疾病、虫媒疾病、食物中毒事件等疫情的集中暴发，传染病发病率总体平稳，肠道传染病相比去年同期下降了10.11%。

高婷等（2013）对比分析 2010～2012 三年受灾严重的丰台区、房山区和通州区的传染病监测数据，传染病例总数整体上呈逐年下降的趋势。在甲乙丙类传染病方面，丰台区和房山区2012年7～9月报告发病人数较2011年同期均有所下降；在肠道传染病方面，三个区7～9月发病人数低于2011年同期水平；在肝炎方面，三个区肝炎发病人数总体较2011年同期有所下降。具体的甲乙丙类法定传染病发病情况、肠道传染病发病情况、肝炎发病情况自2010年1月～2012年9月的对比，见图 5.8～图 5.10。

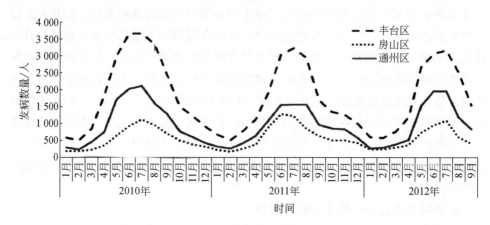

图 5.8　2010 年 1 月～2012 年 9 月灾区甲乙丙类法定传染病发病情况

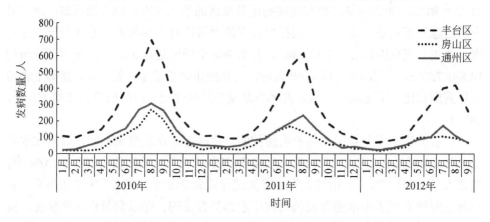

图 5.9　2010 年 1 月～2012 年 9 月灾区肠道传染病发病情况

4. 灾前防灾意识薄弱，灾后卫生知识知晓率较高，但是风险防范行为有待加强

尽管北京市气象局在灾前半小时发布暴雨蓝色预警，并联合国土局发布地质灾害预警。预警信息发布途径广，包括 3 000 多块社区大屏、移动电视、中国气象网、微博、电视、广播等。但在接收到暴雨、雷电、地质灾害预警后，部分市民依旧没有采取防御措施，还有大量居民选择继续前往演唱会和中超联赛的会场。由此可以看出，很多居民把暴洪仅仅当成一次常规的大暴雨来看，因此在此次强降雨暴洪事件中，公众的防灾意识非常薄弱；对于暴洪可能存在的巨大的生命和健康隐患，并没有形成正确的风险防范意识；而对于如何通过正确的行为规避暴洪高分析，也知之甚少。

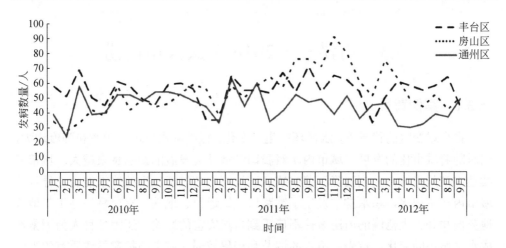

图 5.10 2010 年 1 月~2012 年 9 月灾区肝炎发病情况

在暴雨灾害事件后，赵凡等（2014）对北京地区公众的风险认知变化进行分析，研究显示，公众对降水的风险关注度在"7·21"暴雨之前很小，在"7·21"暴雨达到最高，后期也有所增加，说明"7·21"暴雨在提高公众风险关注方面起到了一定作用，总体上，灾后公众风险认知水平整体高于灾前。但是，人们的对降水事件的关注，随着事件发生时间的推移慢慢减小，最后趋于遗忘，直到下一次事件再次敲响警钟。

由此可见，关于暴洪事件的公众风险认知，仍待加强；政府和社会组织开展针对暴洪的风险认知、规避行为方式指引及灾害健康教育的各类减灾和健康教育尤为重要。虽然北京疾控中心通过多种方式向公众普及健康知识，健康教育覆盖面广，灾后健康教育宣传效果较好，北京市疾控通过对 1 230 个居民家庭进行电话调查，灾区群众灾后防疫知识知晓率高达 90%（黄若刚等，2014）；但是，针对暴洪这类发生频率较低却对公众健康损害极大的极端气候事件相关的灾害应对教育，仍需要进一步开展。

当然，公众的风险意识转化到具体的风险防范行为上，需要一种持之以恒的灾害应对教育，如果只是一种针对某次极端气候事件的局部调整行为，教育的效果会存在时间序列的递减性，具体表现在随着时间推移，公众对于此类事件的防灾备灾态度会有所松懈（赵凡等，2014）。因此，如何通过有针对性的灾害应对教育，加强公众对于暴洪的风险认知，以及加强自我风险研判、加强应对行为，建立长久的风险意识，值得思考。

5.3   内涝——2016 年武汉市内涝

5.3.1   案例背景

在全球变暖的背景下，水循环产生了变化，极端降水出现的频率和强度增大，同时随着城市化的发展，城市内涝对我国经济社会发展的影响越来越大。城市持续性内涝是指城市受到强降雨袭击或者连续降水超过了城市的排水能力，导致的城市内产生积水，积水常常发生于铁路口、地道口、地铁、立交桥、施工工地等地势低洼处。大范围的内涝事件不仅受到自然灾害的影响，还因各种人为因素造成水文循环的变化。首先，雨水的调节和积累较弱，城市的扩建导致原有的天然的湖泊河流等蓄水系统减少，而水泥地面扩张改变原有松软的土地表面，大量雨水无法及时渗透进入地下水循环，削弱排水能力。其次，城市污水处理设施标准低，维护水平差，在大多数城市的建筑过程中，排水设施的维护常常被忽视，排水管网维护不周常常出现堵塞、老化等问题，实际排水能力有限。同时城市发展带来的热岛效应引发城市雨岛现象，城市中的水蒸气更容易冷凝形成持续性降水（张永光，2020）。

内涝对健康的直接影响包括溺水、受伤（房屋倒塌、漏电等意外伤害）、体温过低、心理创伤、诱发慢性疾病等。而内涝造成的基础设施受损、卫生保健服务中断、对自然和建筑环境的破坏有关风险，也带来间接的影响，如传染病暴发、脆弱人群的特殊照护供应不足、农业减产可能带来的营养不良等问题。根据内涝的健康影响程度分为短期、中期、长期，并列举相对应的应对措施（Du et al., 2010），如表 5.7 所示。

国际常见的适应性策略包括：建立可持续排水系统、配置雨洪蓄水池、完善相关法律和灾害保险制度、建立专门的应急管理部门、制作内涝风险地图与脆弱性评估、对强降雨监测预警、加强公众灾害应对教育、制定相关应急预案、紧急疏散转移安置等。

城市内涝对人们的身心健康带来较大的影响，其健康损失分析角度可借鉴 Haddon 矩阵模型。Haddon 矩阵模型是由美国国家公路交通安全管理局前领导人 William Haddon 提出的一个用于伤害预防和控制的模型，被流行病学家用来进行伤害事件分析和预防。Haddon 矩阵模型将事件过程分为：事前、事中、事后三个阶段，并分析各阶段的不同影响因素，包括主体（host）、中介/交通工具（agent/vehicle）、物理环境（physical environment）、社会（social）因素，公共部门可以基于此，分别进行针对性预防。使用 Haddon 矩阵模型对公共突发事件进行分析，有助于高效利用和分配公共资源，最大限度做好准备工作，制定更多的解决策略（Barnett et al.，2005）。可以将 Haddon 矩阵模型运用到城市内涝的治理和健康损失的预防，根据分类，城市可以从个人因素、暴雨内涝因素、物理环境和社会经济环境多个方面进行预防和干预措施，从而减少内涝的人群健康损失。具体的内涝健康损失影响因素的 Haddon 矩阵模型，如表 5.8 所示。

表 5.7　内涝对健康的短期、中期和长期影响结果

影响类型	短期		中期		长期	
	健康影响	应对策略	健康影响	应对策略	健康影响	应对策略
直接影响	溺水	消防救援与公众教育	受伤带来的并发症	早期医疗救护	心理健康	心理支持与咨询
	受伤（房屋倒塌、交通事故、电击、爆炸伤害等）	疏散群众；增强意识；改进建筑标准	感染（皮肤、眼球、粪便接触等）	早期医疗救护	慢性疾病	慢病管理和有效的健康长期照护
	体温过低	救援与公众教育	中毒（化学污染）	风险管理；污染监测	残疾	早期干预恢复
	动物咬伤	救援	精神冲击	心理支持与咨询		
间接影响	与流浪人员、脆弱人员等相关健康风险	救援；健康安全服务	传染病	保证干净的水源与食物	营养不良，贫困，财产损失	经济恢复、相关的财政救助计划等

表 5.8　城市内涝健康损失影响因素的 Haddon 矩阵模型

发生阶段	个人因素	暴雨内涝因素	物理环境	社会经济环境
内涝事件前	个人健康状况（年老或行动能力障碍等）；通信设备（电视、手机等）；对内涝风险的认知；游泳技能	暴雨预警与警报；人工干预降雨量	防洪堤坝工程湿地面积；城市基础设施（排水设施、硬化面比例、土地利用规划等）；应急管理系统（通讯系统、预警系统、撤离路线等）	政府应急预案；面向公众的健康教育内涝风险地图和脆弱性评估
内涝事件中	所处位置（是否在渍水点附近）；冒险行动（强行涉水、无视道路封闭标志、拒绝撤离等）；自我救助（急救药品、逃到较高位置等）	监测降水量；降水等级；降水时间（是否在夜间或交通高峰期）；渍水点位置（是否城市中心）	内涝区域警示或关闭；启动排涝设备；启用泄洪区进行泄洪	启动应急管理系统；地方政府应对能力（媒体报道、省市间协作水平、救援速度）；社区风险管理能力

续表

发生阶段	个人因素	暴雨内涝因素	物理环境	社会经济环境
内涝事件后	个体恢复能力； 经济因素； 心理承受能力	洪水退去时间； 水质监测与清洁	加筑堤防工程； 修复受损房屋； 对受灾群众进行补助； 系统脆弱性评估和改进	应急预案的重新评估与改进； 水源消杀工作； 为受灾群众提供医疗服务、心理健康咨询； 建立安置点； 灾害保险补偿

我国南方地区由于存在"梅雨"季节（一段时间持续性降水现象），加之一些老城区排水系统陈旧，导致城市内涝现象较为常见。每到汛期，我国城市便轮番上演"水漫金山"现象，人们也戏称为"到城市去看海"。根据住房和城乡建设部数据显示，2008～2010年间，在调查的全国351个城市中，共有213个城市发生过内涝，占调查城市总数的61%（裴敫思，2016）。

内涝灾害不仅影响人们正常生活和出行、造成巨大的经济财产损失，同时内涝灾害后，会伴随一些公共卫生问题出现，例如，食源性疾病、血吸虫病、鼠源性疾病、虫媒疾病的流行；内涝时高温湿热环境，也使得皮肤病高发；同时，由于灾害造成的损失，人们可能会出现不同程度的焦虑、癔症、神经衰弱等心理疾病（曲海燕等，2013）；内涝严重时可能造成淹溺事件，危及人们生命。

有着"百湖之城"的美名的武汉，全市面积的四分之一曾是水域。但由于在城市化建设过程中，过于传统的城市建设模式造成了硬化地面、钢筋水泥代替了水域面积，使武汉市遇到了逢雨必涝的窘境。由于武汉市主要受季风气候影响，在"梅雨"季节、夏汛期、遇到台风时城市降水量较大，暴雨事件频发。加之全市城市化速度快，社会经济水平较高，人口密度相对较大，一旦城市内涝被暴雨天气引发，便会对全市居民的生产生活造成巨大影响，导致城市居民的人身安全受到威胁并易带来财产损失。

2016年7月，武汉发生内涝由于持续时间长，影响范围广，政府在此次灾害发生后，实施了系列相关公共卫生干预措施，具有一定的典型性。因此，本节选取2016年武汉市内涝为典型案例，分析针对健康损失的有效干预方式，以此提出对易涝城市健康风险防范的有效建议。

2016年武汉市内涝特征：

（1）强降水时间长，总降水量大。根据武汉区域气候中心历史资料统计表明，6月1日至7月6日15时，武汉、江夏、新洲、黄陂累计降水量分别达到932.6mm、

1087.2mm、887mm 和 833.9mm，比 1998 年 6~8 月总降水量分别多 64.6mm、70.2mm、549mm 和 533mm。

武汉周降水量更是突破历史记录最高值，6 月 30 日 20 时至 7 月 6 日 15 时累计雨量 574.1mm，突破 1991 年 7 月 5~11 日 7d 内降雨 542.8mm 的记录。[①]如图 5.11 展示了 2016 年长江汉口站水位情况，可以看出在洪峰到来时汉口站水位远超设防水位高达近 15d。中心城区 200 多处渍水，截至 2016 年 7 月 7 日晚间，超过 93%的渍水点才完全消退[②]。

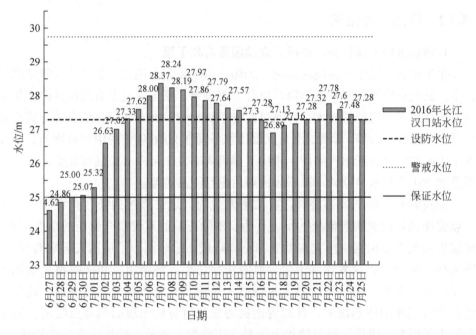

图 5.11　2016 年长江汉口站水位变化

（2）内涝影响人群范围广。此次暴雨内涝，造成全市 17 个区 105.8 万人受灾，因灾死亡 15 人。在武汉政府应对方面，紧急转移安置受灾群众 20.7 万人次，先后布设 83 个受灾群众安置点，集中安置受灾群众最高峰达到 2.6 万人[③]。

（3）内涝影响严重，灾情损失大。截至 7 月 2 日，武汉市农业农村局报道据各区上报，全市农作物受灾面积 133.8 万亩（严重受灾面积 57.5 万亩），占全市在

---

① 武汉周降雨量突破历史记录最高值 暴雨之后 武汉城区多地交通已恢复正常. http://www.cma.gov.cn/2011 xzt/2016zt/2016qmt/ 20160706/2016070603/201607/t20160707_316152.html.

② 武汉中心城区超 93%渍水点及时消退 已降至 11 处. https://m.huanqiu.com/article/9CaKrnJWlwG.

③ 2016 年全市民政工作总结.http://mzj.wuhan. gov. cn/zwgk_918/fdzdgk/ghxx/ghxx/202004/t20200418_1022913. shtml.

田作物面积的 47.8%①。

（4）内涝影响居民交通出行与日常生活。在连续半个月的时间内导致交通瘫痪，多处道路、涵洞、地铁站点出现严重渍水，无法通行，长江隧道封闭，汽轮、汽渡停航，机场高速塌方，部分小区淹水停电，一些列车停运或者是晚点，给武汉市造成了严重影响。中心城区 200 多处渍水，而截至 2016 年 7 月 7 日晚间超过93%的渍水点已经消退，可是部分居民区仍旧困于水中；部分社区浸水时间长达一周，出行只能靠船（陈晓玲等，2016）。

5.3.2 重点干预措施

1. 提前进行气象预警，进行公众健康教育和干预

由于受到了厄尔尼诺现象影响，2016 年 6～8 月主汛期，长江流域降雨明显偏多，武汉市防汛抗旱指挥部提前进行灾害预警，指出武汉市有连续性降水集中期，出现内涝的可能性较大，并通过发送手机短信、发布新媒体信息等方式在暴雨发生前进行了预警。除此之外，武汉市水务局在 2016 年 5 月中旬首次向公众发布了中心城区降雨渍水风险图，指出了暴雨灾害发生后中心城区可能会出现渍水现象的 201 个渍水点位置，提示居民雨后出行注意防范。

除及时有效的气象预警外，在灾害发生前，通过系统的社会教育活动，也可以促使民众改变影响健康的不良行为、消除可能的对健康有影响的危险因素。武汉市疾控中心根据洪涝灾害发展和不同阶段，适时编印了洪涝灾害应对要点、肠道传染病预防、饮食饮水卫生、血吸虫病防治、环境消毒和病媒消杀知识等一系列宣传折页、宣传画，并通过微信、短信及时发布相关宣传内容。此外，疾控中心还在卫生热线中，针对内涝灾害发生时可能出现的如毒虫咬伤、溺水和触电等现象，提供了紧急救治手段及人工呼吸与体外心脏按压方法咨询服务。在内涝发生后，市卫生计生委还组织武汉市精神卫生中心派遣 2 支心理救援队共 7 人，分赴新洲区辛冲街灾民安置点和蔡甸区侏儒山街灾民安置点对受灾居民进行心理干预。

2. 保障受灾群众安置救助，转移安置受灾群众

在内涝发生后，被水浸泡的房屋不仅居住质量堪忧，与环境积水长期接触也容易引发各类疾病。因而，为保证群众安全，避免疫情发生，安置工作的重要性不容忽视。当灾害得到一定程度的控制后，政府的工作重点便转换为对城市的恢复重建及对受灾居民的安置。武汉市减灾办通过紧急调配的方式，向受

---

① 武汉全市农作物受灾面积 133.8 万亩 经济损失约 7 亿元。http://news.cjn.cn/24hour/wh24/201607/t2848550.htm.

灾居民发放了帐篷、折叠床等生活物资及面包等食物。武汉市人民政府办公厅于 2016 年 7 月 9 日发布了《市人民政府办公厅关于认真做好洪涝灾害后恢复重建工作的通知》，要求各区要把受灾群众安置救助作为灾后恢复重建工作的重中之重，从而保障受灾居民饮食、住房等方面需求，避免饮用受污染水源，患病能够被及时治疗。

此外，通知还要求，在受灾群众回迁前，需对社区房屋质量、供电等方面进行安全排查。目前我国临时安置方式主要分为投靠亲友及集中安置两大类。若居民所住房屋暂时不具备回迁条件，则通过寻求亲友等方式进行受灾居民的分散安置，并按救助政策发放过渡性生活补贴；或利用宾馆、学校、养老院等场所进行安置。根据疾控中心发布的临时安置点卫生管理技术指南，安置场所需在饮用水、厕所卫生、居住环境卫生、食品安全、医疗卫生服务点、健康教育六大方面达到卫生要求。

3. 灾后传染病防控落实到社区

自然灾害发生后，由于环境影响，受灾地区的饮水、食品安全难以保障，病媒生物威胁加大，以及居住环境的相对恶劣，人口流动性加大，容易引发传染性疾病，且灾后疫情防控难度较大，极易造成受灾人员的二次伤亡。因而，灾后的传染性疾病防控成为了针对健康损失进行干预的重中之重。由于在城市发生内涝灾害后，城市内积水难以排出，水体受寄生虫污染的可能性相对较大，一旦卫生消杀不及时，极易引发疫情。

武汉市政府在《市人民政府办公厅关于认真做好洪涝灾害后恢复重建工作的通知》中指出，城市内涝受淹的社区要及时进行抽排渍水、清理垃圾及对死亡畜禽无害化处理工作，并进行消毒防疫工作。民政部门、水务部门，以及卫生计生部门也联合组成工作组，对受灾社区楼栋进行评估，从而判断社会楼栋是否具备回迁条件，以确保回迁点达到卫生防疫标准、基本生活设施如水电等齐全。武汉市疾控中心也在汛期卫生防疫公告中指出，重点对汛期卫生防疫、传染病监测、血吸虫病防控、饮用水及食源性疾病监测、卫生应急消杀和物资储备开展技术指导和督导。在退水后，疾控中心还对洪山区南湖片区南湖雅园小区等严重渍水区域集中组织进行了消杀工作。

4. 协同多部门的灾害风险管理

武汉市已形成了以总体预案为主，各区、各项、各部门等应急预案共同构成的应急预案体系。根据武汉市人民政府办公厅 2013 年印发的《武汉市突发事件总体应急预案》①，市政府负责领导统筹全市应急管理工作，下设市应急委，应急委在突发公共事件发生时，负责指挥工作，其下设有应急委员会办公室作为常设机构。市应急委还设立各类突发事件专项应急委，市政府不同部门根据分工，为相对应类别突发事件的主要责任部门，专项应急委办公室设立于主要责任部门。此外，区级政府负责行政区域内应急管理工作（图 5.12）（顾晓焱，2017）。在重大突发事件发生后，由专项应急委成立现场指挥部，根据实际需要设立专项工作组，进行应急处置。

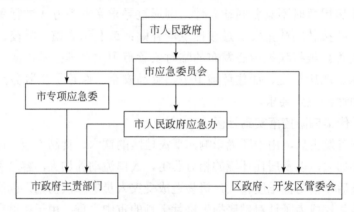

图 5.12　武汉市突发事件处理组织领导体系

在针对城市内涝的应急处置中，根据武汉市人民政府办公厅 2015 年印发《武汉市自然灾害救助应急预案》，武汉市的自然灾害救助以"政府主导，分级管理"为原则，发生重大自然灾害时，市自然灾害救助指挥部（简称指挥部）由市减灾委员会转换而来，负责对全市自然灾害救助工作进行指挥与领导。指挥部办公室设在市民政局，主要承担灾害救助的综合协调工作，负责救助信息的发布，以及灾情信息的汇总。指挥部根据实际需要，设立不同工作组，各职能部门负责各组工作，从总体上看，形成了以市政府为核心的应急救助体系（图 5.13）。

根据突发性自然灾害的危害程度等因素，救助预案设定有Ⅰ级、Ⅱ级、Ⅲ级和Ⅳ级 4 个响应等级。在 2016 年武汉市内涝后的应急处置中，7 月 6 日上午 8 时，自然灾害应急响应便提升至Ⅱ级，进行应急处置。围绕暴雨内涝应急处置这一目标，各同级政府部门间"横向联动"，通过指挥部，实现了信息、资源共享。此外，市、区、街道（乡、镇）三级间也形成了"纵向联动"，灾情信息从街道（乡、镇）逐级上报。

①于 2021 年 1 月 7 日修订。

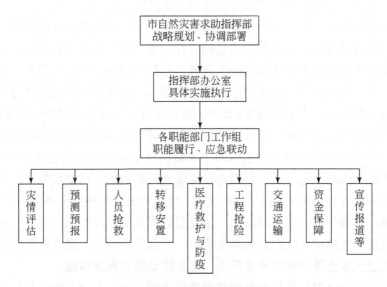

图 5.13 武汉市自然灾害应急救助体系

城市暴雨的结束并不代表应急管理过程的结束，后续恢复重建工作也不容忽视，在武汉市内涝案例中，在灾情结束后，政府各职能部门也进行了协同干预（表 5.9），进行灾后恢复重建，推动正常的生产生活秩序的恢复，防范传染性疾病的发生。

表 5.9 灾后多部门协同干预措施

相关部门	干预措施
发展改革委	安排抗灾救灾基础项目，支持受灾地区恢复重建
民政局	查灾核灾，对受灾群众进行安置救助
国土规划局	灾情监测预报、疏散避险、进行应急治理
交通运输委	修复水毁公路、桥梁
水务局	修复堤防护岸工程及水毁水利设施
卫生计生委	监测疫情及饮用水安全，防控传染性疾病发生；组织心理医生进行心理救助工作
住房保障和房管局	鉴定受损房屋安全性，保障恢复重建工作进展

5.3.3 干预效果评估

1. 公众健康教育效果仍需加强

在内涝发生前及内涝发生后，健康教育都有着不容忽视的作用，提升民众对内涝灾害造成的健康威胁与健康隐患的认识，有助于减少因灾伤亡和疾病的发生。

在内涝灾害发生后，死亡原因主要有溺水、触电等。尽管政府在武汉市内涝发生时，通过多途径进行健康教育，但是仍存在少数城市居民教育效果不显著，如发生风险意识不足导致的忽然涉水触电风险，强行通过渍水地区等现象。例如，在此次内涝中，有居民在武汉市白沙洲冷链大市场、洪山狮城名居小区等地，发生因涉水触电身亡的不幸事件发生。此外，还存在部分居民忽视预警信息坚持出行，私家车司机强行涉水现象，导致了城区多处出现人和车受到洪水围困的情况（张忠义等，2017）；洪涝发生后，公众对于灾后的传染病防范知识也存在不足，存在经过洪水浸泡的物品晾干后未经消毒就继续使用的情况。这些现象，均表明针对灾害的健康教育仍然欠缺，对于内涝灾害，城市居民还未能完全掌握存在的溺水、触电和传染病等生命健康风险隐患、避免健康损失的防控知识、技能，对健康教育的学习意识及洪涝灾害的自我防范意识，也都存在不足，健康教育仍待加强。

2. 内涝灾害预警及救援速度不足，社会联动能力尚待加强

政府是公众获取自然信息权威且重要的来源之一，在突发特大暴雨灾害即将发生时，政府应提前对天气做出预警，对于即将面对的灾害的紧急严重程度进行判断，来引导居民进行减灾准备，并为受灾居民提供有效的应急方案、可供逃生的安全通道及可供避灾的临时避难场所。郭明园等（2017）在针对城市内涝背景下居民权益保障的研究中指出，在2016年的武汉市内涝灾害中，灾害所带来的损失增加的原因之一，便是灾前预警的不到位。例如，直到2016年6月30日武汉市仅启动暴雨Ⅳ级应急响应，启动时间较为迟缓，等级较低，导致武汉市政府在2016年的内涝灾害发生时，救灾应急速度较为迟缓。特大暴雨灾情紧急，在灾情出现的第三天政府开始进行救灾工作，第五天灾民完全得到转移。

此外，据不完全统计，越野车救援队转移了超过10 000名受灾市民，但由于信息沟通不畅，导致救援队和被困居民之间难以及时取得有效的联络，降低了灾害发生时的救援效率（张忠义等，2017）。这主要是由于我国在应急过程中，社会组织尚缺乏与政府救援机构之间的协调管理。因此，当社会组织与政府协同救援的时候，信息的不对称会加大社会组织参与救援的难度，降低社会动员能力和社会救援效率。武汉市内涝救助过程中，参与的民间组织和社会组织相对较少，市政府也存在忽视对其进行管理，导致救援速度在一定程度上被削弱和减缓。

3. 环境卫生及传染病防治控制效果较好

内涝发生时水中及内涝退去后的垃圾残留等易滋生传染性疾病。武汉市及时组织消杀工作及注重传染病的防治与宣传工作，极大程度地遏制了灾害后传染病的发生。此次武汉市的汛期环境渍水检测结果显示，快速法大肠菌群的阳性检出率为98.63%，常规法粪大肠菌群检测超标率为12.63%，未检出肠道致病菌；感官性状指标检测反映出溃水初期较差（陈晓敏等，2017）。根据武汉市卫生计生委发布的相关信息，截至 2016 年 7 月 7 日，主要街道内涝完全消退，武汉市全市无钩端螺旋体、流行性出血热、血吸虫病等病例报告。全市临时安置点无发热、腹泻、出疹病例相关报告。

针对汛期重点防控的血吸虫病，有研究指出，2016 年武汉市全市共报告病例 51 例，均为慢性临床诊断病例，并无急性病例，病例报告时间分布在 2016 年 1～5 月，分别为 7、9、4、24、7 例；全市全年无急感病例与突发疫情（罗华堂等，2018）。2016 年血吸虫病监测结果表明，武汉市血吸虫病疫情呈稳中有降的低度流行态势，监测点居民感染率由 2015 年的 0.03%降至 0，血检阳性率由 2015 年的 2.39%降至 2.23%（杨军晶等，2017）。

5.4　干旱——2010 年云南省特大旱灾

5.4.1　案例背景

根据 IPCC 2007 年发布的报告显示，未来一段时间内，由于气候变化和人类活动，北半球低纬度地区发生旱灾的频率可能会大大提升。

有研究表明，20 世纪 70 年代以来，气候变暖不改变着大气环流格局，使全球干旱不断加重，使得干旱灾害发生频率不断增加，持续时间更长，受灾范围不断扩大（Dai，2011）。此外，气候变暖使得干旱灾害影响因素更加多样，干旱致灾因子、干旱承灾体脆弱性与敏感性等因素的变化存在更多未知，使得目前干旱灾害形成过程和内在特征有待进一步研究与探索（张强等，2014）。

干旱是一种非突发性的渐进性灾害，长期、大面积的严重干旱，会引起大面积人群的粮食、饮用水短缺，和饮用水质量下降，营养严重缺乏，健康状况急剧下降，加之灾期灾后生活环境恶化，容易引发各种疾病如营养不良性疾病、中暑及传染病暴发流行等。威胁灾区群众健康的首要问题是饮用水匮乏和食物短缺。救援工作除一般的救灾、济民、安抚工作外，重点是解决饮用水和食品卫生问题，加强人畜粪便、垃圾管理，防止发生食源性疾病和各类传染病。同时，加强健康教育，增强群众自我保健能力，做好救灾药品、器械、物资的供给工作[①]。

在气候变暖背景，干旱灾害具有一些比较显著的特征（张强等，2014）：①蠕变性。干旱的发展是渐进的，时间和空间界限相对模糊难辨和难以察觉，因此当

---

① 整理自：《自然灾害卫生应急工作指南（2010 版）》。

发现干旱灾害的时候一般难以逆转。②系统性。干旱灾害系统包括致灾因子、孕灾环境、承灾体和防灾减灾能力 4 个子系统，其整体过程具有比较系统的内在驱动、反馈、发展和变化机制。③不可逆性。干旱解除方式难以捉摸，有时一场透雨就很快可以结束，但也可能一场出现旱涝急转，干旱灾害还可能渗透进社会生活各个方面，此类损失不是简单的降水可以化解的。④非线性与衍生性。干旱灾害通常并非独立发生，而是在干旱灾害发生后会诱发或衍生出沙尘暴、土地荒漠化和风蚀等其他自然灾害，形成复杂的以干旱为主导的灾害群。⑤社会性。干旱灾害损失涉及农业、水文、社会经济及生态环境等许多方面，社会关联性强，社会影响面大，社会关注度高。

极端干旱天气可能会使人群的死伤率和传染病发病率升高。干旱可能造成营养不良、饥饿；可能导致与粉尘相关的呼吸道疾病和介水传染病、食物传播疾病等；可能会对人们的卫生行为产生影响，不利于疾病的防控；干旱及其导致的财产损失可能会对人类的精神健康造成一定的影响，例如，人们可能会出现焦虑、抑郁等身心问题。干旱灾害的健康脆弱人群包括：从事农业家庭、婴儿和儿童、老年人、社会和经济上处于不利地位的人、孕妇、户外活动者、慢性病患者、免疫系统缺陷病人（Anna et al.，2015）。

干旱对人类社会影响重大，国际上采用了多种措施适应干旱，包括监测与预警（水质及水处理监测、疾病监测、空气质量监测与预警、干旱监测与预警等）、公共教育、合理分配使用水源（加强供水服务和流域管理、水的收集和储存、提高用水效率和节约用水）、改变或采用新的农业做法（如增加对作物灌溉的依赖、引进抗旱作物、利用季节性气候展望进行作物规划）、建立干旱防灾减灾体系、保险和其他财政援助计划（Anna et al.，2015；吴爱民，2011）。

我国云南省地处低纬季风区，是中国最易出现干旱的地区之一，有"十年九旱"之说。一年分为干湿两季，受到热带海洋季风气流影响，湿季集中在 5～10 月，集中全年 80%～90%的降水；受到西亚大陆平直西风气流的影响，干季为 11～次年 4 月。由于季风活动变化性较大，云南及其附近地区成为我国干旱最为频繁发生的地区之一，干旱是云南省最严重的极端气候事件之一，占所有气象灾害损害的 43%。从全国水资源的总量来看，云南省排在第三位，并不应出现如此严重的旱情，但云南省水利工程建设不足、水质污染较为严重，属于工程型和水质性缺水。

干旱是一个累积过程，自然降水偏少是引发大范围干旱的最主要原因。受到厄尔尼诺现象的影响，2009 年秋季到 2010 年，我国西南地区，以云南、贵州等为主的 5 个省份均出现了百年一遇的旱灾。云南出现了罕见的秋冬春连旱。2009 年

9月到2010年3月，该时段内全省平均降水仅为148.1mm，云南降水比历年同期偏少199mm，是自有资料记录以来降水偏少最明显的年份。图5.14中可以看到2009年9月～2010年3月云南降水距平百分率为-57.3%（杨辉等，2012）。

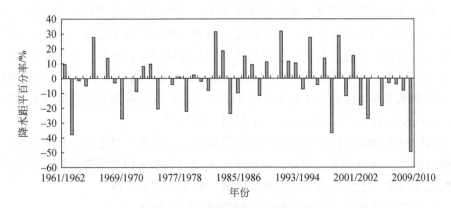

图5.14　1961～2010年云南全省平均降水距平百分率变化

云南省是旱灾的高发地区，应对旱灾经验丰富，且2010年云南省旱灾为百年一遇灾害，对人民生命财产带来了巨大损失，故选择云南省2010年旱灾的干预措施为典型案例进行分析。

2010年云南省特大旱灾特征：

（1）干旱出现早，持续时间长。2009年云南雨季结束早，9～10月降水异常少，导致了此次干旱形成早；2010年春季3月、5月降水偏少，使旱情持续到初夏，许多县（市）干旱持续时间接近200d，造成云南罕见的秋、冬、春、初夏连旱。

（2）干旱强度大，影响范围广。与常年同期降水相比，全省有93个县（市）降水量偏少40%以上，滇中及以东、以北的大部地区偏少60%以上。期间全省平均降水170.9mm，较常年同期偏少50.8%，为1961年以来历史同期最小值；全省平均气温14.9℃，较常年同期偏高1.1℃，为1961年以来历史同期最高值。全省122个县（市）的干旱强度都曾达到过重旱及以上程度，单日的重、特旱县（市）数量破了1961年以来的记录（郑建萌等，2015）。

（3）灾害损失严重。此次干旱灾害全省超过800万人、486万头大牲畜饮水困难。小春播种面积3 700万亩中（其中粮食占1 770万亩）受灾面积达到3 148万亩，占已播种面积的85%，绝收超过了1 000万亩。全省因干旱新增缺粮人口331万，需救助的缺粮人口为714.78万（许晓佳，2011）。云南因旱灾造成2 405万人受灾，农业方面损失高达120亿元以上，花卉、林业、茶叶、橡胶、水电等遭受了巨大损失（杨辉等，2012）。

5.4.2 重点干预措施

1. 旱情监测预警

对旱情进行监测预警，能够为政府作出应对旱灾的决策提供科学依据。云南省对旱情的监测包括两方面，一方面是云南省气象局建立了地面—高空—空间立体监测网络对干旱进行监测，包括运用常规气象观测站、区域自动气象观测、气象卫星、数字化天气雷达等，能够较为全面监测旱情；另一方面，为了应对旱情，昆明市防汛指挥部也形成了数十个抗旱工作小组，深入各地及时收集旱灾发展动态、人民受灾程度，并严格施行旱情每日一报制度。

云南省通过多种信息发布途径发布预警信息，包括广播电台、新闻媒体、手机短信通信、LED屏幕、网络、喇叭等。云南省70%人口生活在农村，故云南省已经在乡村建立了数万块气象信息显示屏，遍布全省各乡镇。

2. 政府协调指挥，企事业单位、社会组织辅助参与

2010年1月22日，针对云南严重旱情，国家紧急启动国家Ⅳ救灾应急响应。随着灾情的进展，国家渐渐将应急响应提升至Ⅲ级，2月25日，提升至Ⅱ级（薛云，2010）。云南省旱灾管理为主要由行政首长负责，以"分级负责、条块结合、属地管理"为抗旱救灾的工作准则。防汛抗旱指挥部负责指挥，抗旱主体共同参与。同时，国家派遣专家组前往灾区指导抗旱救灾工作。为了提高政府部门的决策效率，云南省在此次灾情中，广泛推广利用"云南县级天气预报综合信息集成分析系统"，该系统能快速对各级发布的气象信息进行整合，发布当日决策建议，用于抗旱指挥部门、政府部门和社会组织的决策参考。

如图5.15所示，应急抗旱主体主要包括政府部门为主导，社会参与力量为辅。政府机构通过水利部门、民政部门、交通运输部门、气象部门、国土资源厅等多部门联动机制，制定应急预案，发布干旱预警，组织紧急调水，开采地下水，种植耐旱作物，协同进行抗旱工作。不同部门的抗旱具体工作如表5.10所示。

同时，由于抗旱形势严峻、涉及范围广、损失严重，抗旱指挥部还动员社会力量广泛参与抗旱工作，包括企事业单位、社会服务组织等一同协同参与抗旱工作。为了更好抗旱救灾，保障灾区人畜饮水、农业生产、水利工程建设、森林火灾防护等工作的顺利进行，截至2010年2月4日，云南省已到账各方捐赠资金2.037亿元，云南全省已组织抗旱救灾人员800余万人，累计投入抗旱资金近15亿元①。

---

① 云南各界为抗旱积极捐款 省级到账抗旱资金超2亿。https://www.chinanews.com.cn/gn/news/2010/03-05/2154304.shtml.

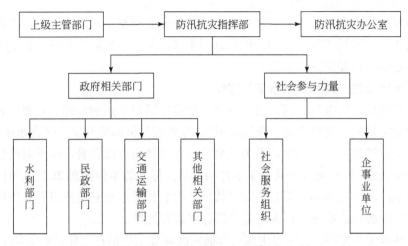

图 5.15　云南省防汛抗旱指挥部结构

表 5.10　不同部门的抗旱具体工作[1][2][3]

主要部门	工作内容
气象部门	对每日降雨量、蒸发量、气温、填土墒情等情况进行监测，发布干旱预报信息，并分析旱情发展趋势和未来气象情况，为人工降雨等干预措施的实施提供科学依据
防汛抗旱部门	每天、每周、每月都会对旱情进行总结报告，全省范围内先后启动 4 000 件抗旱应急工程，发放运水车辆、抽水设施和运水桶，并负责给缺水严重的村庄送水，来解决灾民用水需求
农业部门	保障农业物资的调拨工作。同时，推广抗旱节水技术，引导农民改种耐旱作物，以减少农民损失
国土资源厅	派出 70 余名地下找水突击队队员奔赴各个受灾区找水开井，缓解水资源短缺压力；云南省地勘单位掌握了岩溶、红层地下水开发利用等找水技术，并在此次灾区中得到了较好运用
水利部门	加强水利设施建设。继续抓好"润滇工程"、山区"五小水利"和农村居民饮用水安全工程建设；确保全年水利建设投资完成 120 亿元的目标，积极争取国家立项支持 250 个小型病险水库除险加固工程、3 个中型灌区和 12 个大型灌区建设；再增加 20 个农田水利重点县。
交通运输部门	加强辖区公路、水路巡查维护，及时修复了损毁的交通设施，确保执行救灾任务的车辆、船舶安全顺畅通行
民政部门	建立旱灾灾民生活救助工作责任制，加强动态灾情检测，准确掌握缺粮人口信息；投入生活救助资金，保障受灾人群基本生活；开展"四群"教育活动，进村入户，摸清情况，缺粮送粮、缺水送水、缺钱送钱，及时实施救助；重点救助低保户、五保户、重点优抚对象和"三无"人员等困难群体；全部开通公示救助电话

① 《关于云南省遭受干旱灾害情况的调查报告》。https://wenku.baidu.com/view/6877eb899cc3d5bbfd0a79563c1ec5da50e2d693.html.

② 交通运输部快速部署抗旱救灾交通运输保障工作。http://www.gov.cn/gzdt/2010-03/30/content_1568272.htm.

③ 云南民政部门投入 4.81 亿元 解决旱区 478.64 万人基本生活。https://news.ifeng.com/c/7fbsOvqFgKO.

另外，省政府对部分旱情严重的地区进行产业调整。对于重灾区云南省曲靖市，从 3 月份开始下调所有用户的计划用水量，并关停高耗水企业，如洗车场、洗浴中心等，首要保证人畜饮水。

3. 环境卫生干预和健康教育与宣传

在传染病监测报告方面，云南卫生厅加强对肠道疾病的监测和管理，要求各个医疗机构做到"逢泻必检、逢疑必报"。各级疾控机构要开展灾区介水传染病、肠道传染病等疫情和食物中毒等突发公共卫生事件的监测预警，要求对疫情进行 24h 值班制度，达到突发公共卫生事件相关信息标准的事件要在 2h 内，向同级卫生行政部门和市疾控中心报告。对旱情严重的农村要求设立监测点开展腹泻症状监测，发现腹泻症状异常增多，要立即开展调查处置。

在环境卫生方面，灾区卫生部门开展灾区环境卫生消毒工作，加强灾区粪便、垃圾的管理，垃圾的收集、运送和处理做到日产日清，做好垃圾的无害化处理。各级疾控机构负责组织专业技术人员指导灾区群众实施环境清理，清除卫生死角，清理污水沟、塘，避免蚊蝇孳生，加强对病媒生物的监测控制，消除可能导致疫病发生、流行的环境卫生隐患。

在饮用水安全保障方面，灾区卫生行政部门负责组织卫生监督、疾病预防控制等，相关机构重点开展饮水卫生工作，负责对所需的水质处理、消杀药械等旱灾卫生应急物资进行调配。疾控部门对新启用的饮用水（集中式、分散式）水源水、出厂水、末梢水都要进行采样、监测，作出评价[①]。例如，中国疾控中心发布了干旱饮用水监测和消毒处理的两份指南，指导各级卫生部门对饮用水进行监测，云南省疾控在灾后对原有饮用水水质进行常规监测，并对新增加的 7 510 个水源点进行监测和消毒工作。各级疾控机构要负责对水源选择、开辟新水源和水源保护等工作进行卫生学技术指导，重点加强对分散式供水、临时供水设施的水质处理和消毒技术指导，加强水质监测，增加监测频次，保障生活饮用水的卫生安全，预防肠道传染病和生活饮用水污染事件。

在健康教育方面，通过广播、电视、新闻媒体、健康教育宣传橱窗和手机短信等多种手段，开展旱灾期间的卫生防病知识科普宣传，总计开展健康宣教 3.71 万次（杨跃萍，2010）。由于旱灾的主要的公共卫生问题是由缺水、缺粮及其污染引起的肠道传染病的流行和食物中毒事故发生。因此，健康教育的重点内容宣传饮水、食品安全、环境、高温中暑等卫生知识，增强灾区群众自我防病能力。

---

① 云南昆明早期疫情监控实行 24 小时值班制度。https://www.chinanews.com/jk/jk-zcdt/news/ 2010/03-01/ 2144 816. shtml.

5.4.3　干预效果评估

1. 应急响应能力逐年上升，响应速度略迟滞

龚艳冰等（2017）用组合熵-CRITIC 法，对云南省 2000～2015 年的干旱脆弱性和政府抗旱应对能力做了评价，把财政收支比、农村居民家庭人均收入、城镇化比例、城镇居民人均可支配收入、农业能源消费量、水库总容量、赔款给付支出、卫生人员数、等级公路里程等指标纳入应对能力评价的考量。从图 5.16 中可以看出，云南省对干旱的综合应对能力从 2003 年起逐年上升，2009 年略微下降，这正是由于 2009～2010 年，云南省受到百年一遇的大旱的冲击，导致抗旱应对能力略显不足。而 2009～2010 年应对能力上升，反映出 2010 年旱灾相关干预措施的正面效应。

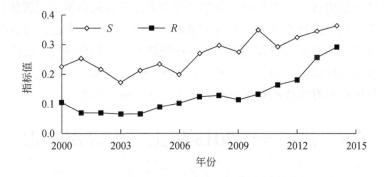

图 5.16　云南省农业社会敏感性和应急响应能力变化图

注：R 代表应对能力，其由社会内部决定；S 为敏感性指数，反映经济社会对于干旱的敏感程度

2009 年 9 月，云南出现降雨异常，但是，2010 年 1 月 22 日才启动应急响应。尽管灾民较早开始采取干旱适应性行为，但具有分散性和个体性。政府和社会组织在抗旱早期并未采取抗旱措施，在中后期才加入到抗旱救灾的工作之中（沈鸿，2012）。从响应速度方面来看，政府和社会组织的抗旱过程，呈现出以下特征：旱灾初期灾害应对滞后明显，中期滞后逐渐减少，末期旱情状况与抗旱应对基本达到同步。

2. 肠道疾病控制效果良好

云南省切实加强干旱地区饮用水水质监测和消毒，疾控和卫生监督部门在开展原有饮用水水质常规监测的基础上，重点对新增加的 7 510 个水源点及时开展监测和消毒工作，有效防范因水源污染导致肠道传染病的暴发流行。根据疫情监测报告系统数据显示，2010 年 1～3 月，云南省全省肠道传染病共报告发病数 2 352 例，与去年同期相比减少 178 例，发病率下降了 7.04%。由此可以看出，干旱造成的水源短缺，由于云南省政府的水质监测措施，以及健康教育措施的到位，使得干旱地区的居民日常清洁的饮用水基本可以得到保障，居民的健康素养提高，这都有效地缓解了因水质问题导致的肠道疾病暴发。

3. 经济、社会支持，以及心理评估欠缺

干旱可能会对人们的卫生行为产生影响，如饮用水的不足，生活用水的减少，均不利于疾病的防控；干旱还有可能造成土地粮食减产，加重贫困，导致财产损失，均会对人类的精神健康造成一定的影响；干旱尤其对老年人、孕产妇、儿童、慢性病患者、高强度工作者等脆弱人群产生严重的健康影响。但是，本案例中干旱期间的公共政策，主要侧重于开源节流方面的供水和节水措施，缺乏在旱情期间针对人群卫生习惯的健康宣教活动；缺乏对于遭受粮食减产等财产损失的农户提供的经济补偿措施；缺少针对公众精神压力方面开展的精神干预服务；缺少针对脆弱人群开展旱情期间的重点健康干预措施。在旱情应对方面，政府的关注点主要在于尽可能地缓解水资源的不足，而在经济补偿、社会保障、心理干预、健康宣教、脆弱人群保护方面关注度不足。因此，与气候事件健康适应的国际要求相比较，我国在应对旱情的健康适应策略上，略显单一和不足。

5.5　热浪——2013 年上海市高温热浪

5.5.1　案例背景

气候变化和城市发展步伐加快使得全球范围内热浪事件日益频繁。目前，国际上尚无高温热浪（简称热浪）的国际通用标准定义，一些国家或机构对高温热浪的定义如表 5.11 所示。

表 5.11　高温热浪定义

国家或机构	定义
世界气象组织	日最高气温高于 32℃ 持续 3d 以上的天气过程
荷兰皇家气象研究所	热浪为一段最高温度高于 25℃ 持续 5d 以上（其间至少有 3d 高于 30℃）的天气过程
美国国家气象部门	依据热指数（也称显温）发布高温警报，当白天热指数预计连续两天有 3h 超过 40.5℃ 或者预计热指数在任一时间超过 46.5℃，发布高温警报
德国	基于人体热量平衡模型制定了人体生理等效温度（PET），当 PET 超过 41℃，热死亡率显著上升，这可用作热浪的监测预警的指标
中国气象局	日最高温度 35℃ 以上为高温天气，连续 3d 以上的高温天气过程为热浪等

Abenhaim（2005）用 2003 年法国热浪侵袭事件，讨论以下关键问题：①热浪的疾病属性（流行病还是地方病?）；②热浪的长期健康影响是否能预测；③预警系统是否能完全预测热浪事件。他还总结了 2003 年法国热浪预警失败的原因：①气象部门的预警信息未能及时传达应急管理部门；②没有建立专门的热浪监测预警系统；③相关健康部门未能及时传递更新热浪预警信息。上述研究为我国的热浪事件预防提供改进思路。

热浪可分为日射型和热射型两种类型。日射型常与干热天气相关，是由于红外线穿透颅骨导致脑组织温度升高，严重时可导致脑神经功能受损；热射型与湿热天气相关，在闷热的天气中皮肤散热功能下降，从而影响身体其他器官的运作，严重者可出现局部肌肉痉挛、发热、口感、呼吸困难等症状（谈建国，2003）。

热浪对人体健康最直接的影响是发病率和死亡率升高，许多研究结果证明，高温热浪事件会对人体造成严重危害，如慢性病发病率提高、呼吸系统受损、急性死亡增加（许丹丹等，2017）。2003 年是欧洲自 1500 年以来经历的最热夏天，热浪造成了数万人超额死亡，其中法国伤亡最为严重，在短短的 20d 时间里，因热浪造成的超额死亡数高达 14 729 人，其他欧洲国家也都有不同程度的影响（Kovats et al.，2006；Johnson et al.，2005）。

对高温热浪的脆弱人群识别包括年龄与慢性病患者、社会经济状况、住房条件、对空气污染的敏感性、适应力及自我防护意识（Hales et al.，2003）。这些因素都有相关的研究提供支撑。Semenza 等（1996）1995 年在芝加哥开展脆弱性研究认为老年人更容易受到高温的伤害，慢性病、生活自理能力差、社交活动少、没有空调都是个人危险因子，个人经济生活条件较差也是热浪的脆弱因素之一。

国际上，高温热浪的应对措施主要从减少高温热暴露，以及管理健康风险入手。一方面，增加避暑场所、绿地面积和提高空调的持有率等一系列减少人体暴露在高温环境的措施，通过城市规划提高居民的适应能力，增加树木和植被减缓城市热岛效应；另一方面，加强监测预警系统的建设、持续开展高温防范健康教育活动等，可以减少热浪期间的健康风险（黄存瑞等，2018）。

我国长江流域、江南和华南地区是中国夏季高温热浪的重灾区，全国最热的10 个省会城市有 9 个位于这一地区。上海市地处中纬度地区，夏季受西太平洋副热带高压控制是其出现高温天气的主要原因。在 1873~2011 年的 139 年里，上海市年平均气温升温率为 1.54℃/100 年，显著高于全球平均升温率。在此期间，上海市共出现 214 次极端高温天气，集中发生每年的在 6~9 月（陈敏等，2013）。从历史资料来看，极端热浪造成严重的生命损失。1998 年 7 月 8~16 日，上海市平均显温（温度和湿度的综合指标）接近或超过 40℃期间，上海市居民超额死亡率达 300.2%，意味着 8d 内死亡人数较往年同期增长了 3 152 人，其效应甚至影响到全年的期望寿命等健康指标[①]。

2013 年全国遭遇罕见高温热浪天气，上海市为此次高温热浪极端气候事件的重灾区。2013 年 7 月 25 日发出高温红色警报，7 月 26 日最高温达到 40.6℃，超过 1934 年历史最高值（40.2℃），2013 年 7 月份上海市发生的热浪总持续时间达到了 23d 之久，占 7 月份总天数的 74.2%，连续高温热浪天气造成中暑患者不断增加，对人群健康造成了严重的影响（杜宗豪等，2014）。

上海市中心人口密度较高，平均 2 万人/km²；上海市区老年、儿童等脆弱人群密度也较高，暴露风险较高。上海市作为我国的经济发展水平较高地区，其配备的医疗资源与应急资源相对较好，在一定程度上可缓解健康风险。因此，选择上海市，作为高温热浪健康应对的分析对象，对于研究城市气候变化适应能力有一定的参考价值。

2013 年上海市高温热浪特征：

（1）温度高，持续时间长。2013 年上海市再次成为高温热浪事件的重灾区，上海市气象局在夏季期间曾多次发布高温预警信息，2013 年 7 月浦东西南部站点曾出现 40.6℃极端高温，此次热浪总持续时间达到 23d（杜宗豪等，2014）。2013 年上海热浪特征，如表 5.12 所示。

表 5.12　上海市 2013 年高温热浪事件发生持续时间与气温等特征表

时间	热浪数量/次	热浪时间段	月均气温/℃	月最高气温/℃	高温热浪持续时间/d
6 月	0		24.1	36.6	0
7 月	3	7 月 1 日～7 月 4 日	31.9	40.6	4
		7 月 7 日～7 月 12 日			6
		7 月 20 日～7 月 31 日			13
8 月	1	8 月 3 日～8 月 17 日	30.9	39.4	15

（2）健康影响大。持续高温导致中暑发病率明显增多，呼吸道疾病和心脑血管疾病人数猛增，死亡率明显增加，上海市出现多起中暑、热射病死亡病例。此次热浪造成超额死亡人数为 1 347 人/年，占 2013 年夏季总超额死亡人数的 71.3%（杜宗豪等，2014）。

---

① 整理自："上海热浪与健康监测预警系统"的科学技术成果展示。

（3）存在其他连锁风险。全国日用电量突破 169 亿度[①]，江苏省、浙江省、上海市等地配电网设备故障增多，电网系统安全隐患增大。持续高温干旱使部分森林病虫害高发，森林火险气象等级持续偏高，森林火灾多发（陈峪等，2013）。

5.5.2 重点干预措施

1. 建立热浪与健康监测预警系统

在世界卫生组织与世界气象组织的资助下，"上海热浪与健康监测预警系统"的建设提上日程。热浪与健康监测预警系统包括天气预报和高温预警发布两大工作。如图 5.17 所示，系统采用上海有限域数值预报，采集 24h 和 48h 内逐日 4 次的气象观测数据[②]。对影响上海的气团天气进行分类，判断未来 24h 或 48h 内是否会出现 MT+气团类型[③]，如果出现该气团类型，系统通过估算可能导致的超额死亡数，由此划分高温等级，及时告知政府有关部门，向公众发布高温警告（谈建国等，2002）。上海市热浪与健康监测预警系统的优点是，能够作出长期的热浪发生预测，以争取时间及时调动资源进行干预，提供直观的死亡预报结果，为相关部门开展热浪预防、宣教、干预等提供数据支持。

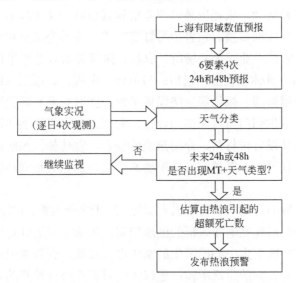

图 5.17 上海热浪与健康监测预警系统框图

[①] 1 度=1 千瓦·时。

[②] 采集 24h 和 48h 内逐日 4 次的气象观测数据，包括气温、露点温度、海平面气压、风速、风向和云量 6 要素。

[③] MT 气团类型是"热带湿"（moist tropical），主要特征是最热最湿，气团源自热带太平洋，冬季多云，夏季少云，对流雨比较普遍。把温度和露点超过 MT 类型的平均值的日子划分为 MT+气团类型。

　　上海通过社区安全规划和城市网格化管理建立了三级预警发布系统。首先是建立市级信息平台，上海市政府的应急响应办公室依靠多灾害早期预警系统建立信息预警平台。包括三级政府和 76 个部门，上海市人民政府应急管理办公室及其他办事机构可以发布多灾害应急响应信息和指示。其次是部门层次的信息传递，现有的信息平台已经涵盖了高温、洪水、食物中毒等气象事件的早期预警信息，全市范围预警信息宣传系统包含了 80 个居民社区、1 780 所小学和中学及 300 多个农业社区。最后是公众层面的宣传，通过手机、广播、电视等媒介进行预警信息的有效发布。上海市现有的宣教平台包括：手机传播系统（通过短信消息、多媒体消息和无线应用协议进行宣传）、广播传播系统（通过广播附属通信授权用于广播热浪相关预警信息和预防措施）、移动电视广播（通过出租车、公交、地铁等交通设施的电视广播进行教育宣传）；公众电子屏幕宣传（在人群密集场所如公园等地点投放电子屏幕，发布天气预警、实时天气信息和预防指南），社区天气灯预警（上海市政府在宝山区建立首个"社区天气灯"预报系统等）（Golnaraghi，2012）。

2. 多部门协同开展健康宣教活动

　　在热浪与健康监测预警系统的基础上，卫生部门协同其他有关部门开展一系列的卫生健康宣教活动，依托应急管理系统和城市网格化管理系统，通过电话信息、大众媒体、互联网传播、预警信号灯等方式，将预警信息和相关预防措施传达到居民社区、学校企业、公共场所、农村、医院诊所等基层单位（Golnaraghi，2012）（图 5.18）。具体宣教措施包括：与电台、电视台、报纸等媒体合作发布热浪警报；加强利用微博、微信等网络媒体平台，实时更新高温预警信息，传播高温防灾知识等。卫生部门与气象部门合作，利用大众传媒开展热浪危害预防的宣传活动、制作和开发宣传材料、介绍热浪的危害、宣传如何预防减少热浪危害。当地社区通过互联网、多媒体、宣传手册阅读及参加相关培训和演习提高热浪预防意识。

　　对于脆弱人群的宣教活动需要因人而异。对于老年人群，可以通过社区开展。上海市目前已经开展建立老年人群的健康档案，为未来开展针对性的干预活动奠定了基础；通过社区卫生中心的医生的家访进行宣教，查看水电供应以确保有利的室内环境和维持正常的生活所需；建议医生对正在进行治疗的老年慢性病患者给予适当的治疗，预防热浪影响下的强烈的药物副作用[①]。对于学生群体通过校园教育，提高其对气象灾害的安全意识。2007 年上海气象部门在近 60 所小学里开展教育，通过印制相关的课外读物进行宣传教育。

---

① 整理自："上海热浪与健康监测预警系统"的科学技术成果展示。

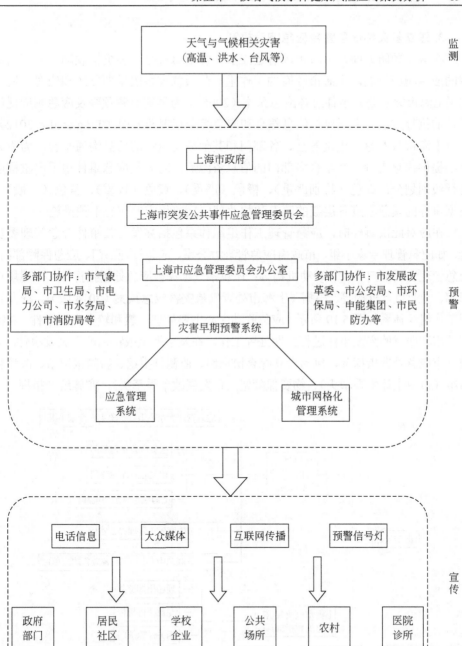

图 5.18　上海市预警与宣传系统

3. 建立多灾种信息整合应急响应机制

在应急预防方面，上海市政府建立多灾种信息整合、多机构联动、多部门协调的应急响应机制。上海市政府的工作重点是天气灾害的早期预防和应对，制定的《上海市突发公共事件总体应急预案（2006）》为早期监测预警及应急响应提供具体的执行方法，主要包括信息整合和应急综合管理两方面（Tang et al.，2012）。

上海市政府建立连接各县、各部门和其他应急组织的信息沟通平台，为应急行动提供信息支持。在整合多部门的信息资源后，对公共应急事件根据严重程度进行级别划分：红色（特别严重）、橙色（严重）、黄色（较重）、蓝色（一般）。根据事件的紧急程度各层级的政府和相关部门采取相应的应急干预措施。

在应对此次事件时，应急管理工作组织体系包括突发公共事件应急管理委员会，如应急管理专家小组、市政府应急管理办公室、应急管理部门、应急保障部门、应急管理协调部门、应急联动机构等；还包括气象灾害应急处置指挥部，如现场指挥部、专业执行机构等。根据《上海市处置气象灾害应急预案（2014 版）》，应急管理工作组织体系如图 5.19 所示。应急联动中心主要处理一般和较大突发事件、对特别严重和严重的突发事件进行先期处置工作。在发生严重或特别严重突发事件时，成立市应急处置指挥部，包括设立综合协调组、监测预报组、新闻报道组、医疗救治组（市卫生计生委牵头）、物资保障组（市发展改革委牵头），实施统一指挥。

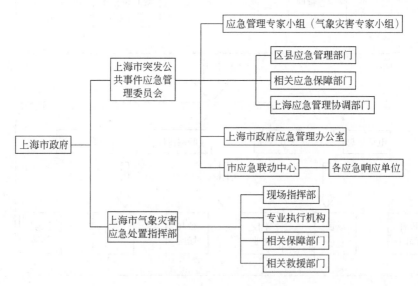

图 5.19   应急管理工作组织体系[①]

----

① 整理自：《上海市处置气象灾害应急预案（2014 版）》。

上海市初步建立的应急响应工作流程见图 5.20（Golnaraghi，2012）。

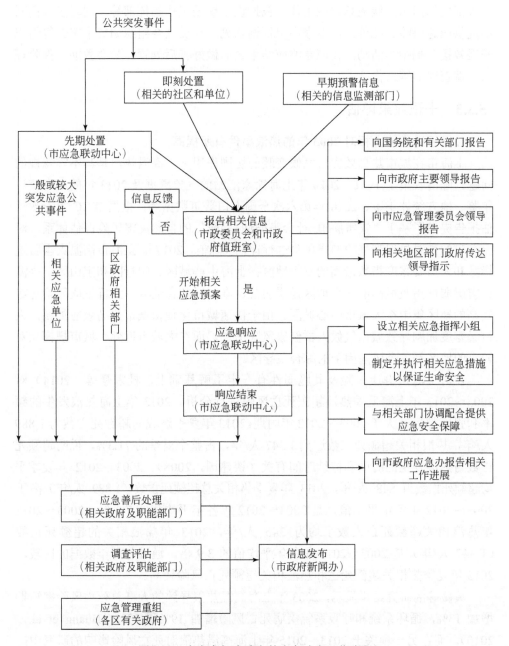

图 5.20 上海市初步建立的应急响应工作流程

一般或较重的突发事件发生的时候，各区县组织本县区的应对措施落实；若发生严重或特别严重的突发事件时，需要向有关上级部门进行报告，根据领导和上级部门的指示开展应急响应工作，包括设立现场工作指挥部等，同时多部门联动提供应急保障。此外，向专家小组征询意见，动员社会组织如红十字会等组织开展救援、捐赠等活动。在应急响应结束之后做好善后处置、社会救助、保险理赔、调查评估等工作。

5.5.3 干预效果评估

1. 健康适应能力相对 2003 年的热浪事件有所提高

上海市在城市热岛效应与气候变暖的协同作用下，高温热浪是其不容忽视的问题。陈倩收集了 1951～2014 年上海徐家汇站的气象数据及 2013 年的上海统计年鉴、地方统计年鉴、2010 年第六次全国人口普查数据等，根据 IPCC 第五次评估报告提出了基于"灾害胁迫-社会脆弱性-暴露"的自然灾害风险评估体系，对上海市的高温热浪带来的健康风险进行评估（陈倩，2017）。上海市高温灾害胁迫指数和人口暴露度指数最高的三个地区：上海中心城区、闵行区和宝山区；高温灾害脆弱性指数最高的三个地区是崇明县、奉贤区和青浦区。人群健康风险等级较高的地区集中在大城市中心城区。由于快速城市化使得城市热岛效应加剧，人口暴露度加剧导致城市气候人群健康风险增加，而在大城市近郊、城市规模相对较小的地区是各个风险因子的综合主导区。

在对上海市健康风险及其脆弱性有一定了解基础上，杜宗豪等（2014）对 2003～2013 年上海夏季热浪超额死亡风险进行分析。2013 年上海热浪发生的频率和强度都远远大于 2003～2012 年同期。2013 年夏季造成的超额死亡数为 1 889 人/年，热浪相关超额死亡数达到 1 347 人/年，占整个夏季的 71.3%，说明超额死亡数与热浪发生的时间和持续时间有关（谈建国，2008）。2003～2012 年夏季平均超额死亡数为 848 人/年，2013 年夏季热相关总超额死亡数（1 889 人/年）高于 2003～2012 年各年平均值，是 2003～2012 年各年平均值的 2.2 倍；2003～2012 年热浪相关超额死亡人数平均为 345 人/年，2013 年热浪相关的超额死亡数（1 347 人/年）是 2003～2012 年各年平均值的 3.9 倍，通过与历年数据的比较，2013 年夏季热相关超额死亡和热浪相关超额死亡风险较高。

黄薇等的研究结果显示，2003 年上海高温热浪导致的人群总死亡风险率短期增加 13%，循环系统和呼吸系统疾病死亡风险增加 19% 和 23%（Huang et al.，2010）。而在另一项关于 2013～2015 年上海高温热浪对死亡风险影响的研究中，热浪期的人群非意外死亡风险较非热浪期增加了 8.78%，循环系统疾病死亡风险增加 9.16%，冠心病死亡风险增加 15.83%（许丹丹等，2017）。

人群对高温热浪的敏感性差异较为复杂，且受人口学因素、社会经济因素、建筑特征及对气候变化的适应性等因素的影响，不同研究间研究对象的人口学因素、社会经济因素等可能存在差异，而导致研究结果不完全一致，总体上自2003年使用热浪与健康监测预警系统起，上海市应对热浪措施不断完善，干预能力不断增强，人群非意外死亡风险总体下降，高温热浪适应力增强。但在面对如2013年的极端高温天气时，目前干预措施的表现仍有待改进。

2. 风险监测与预警能力较强，缓解措施有效降低死亡人数

上海热浪与健康监测预警系统提供的高温预警信息，方便人类及时采取措施减轻损失保障生命财产安全，对有效抵御热浪带来的负面影响起到重大作用。目前以"部门联动"为核心的多灾种早期预警系统，已经作为上海市应急平台的重要组成部分，为市政府处置突发公共事件应急指挥提供服务与支持[1]。

上海气候中心的刘校辰等（2020）通过建立城市气候服务框架（urban framework for climate service，UFCS）构建系统动力模型来量化热浪对上海公共卫生系统的影响。模拟结果显示，2013年7月的热浪应对中，在收到预警信息后，城市卫生系统增加20%的病床数以应对热浪冲击，对比没有采取缓解措施的基线情景相比，第七天和第八天的每日死亡人数减少最多，医院系统的应急能力大大提高（图5.21）。

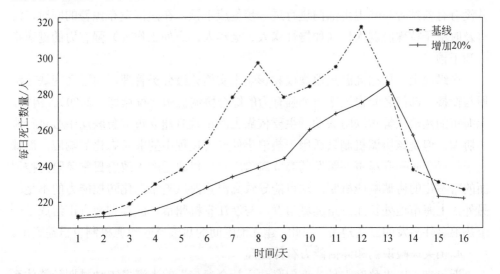

图5.21　医院床位准备增加20%对每日死亡人数的影响

---

① 整理自："上海热浪与健康监测预警系统"的科学技术成果展示。

但预警系统仍有改进的空间。由于热浪与健康的关系相当复杂，热浪对健康有直接影响如中暑死亡，也有间接原因如诱发和加重心脑血管疾病、呼吸系统疾病等，热浪对健康的影响及其影响滞后性，以及超额死亡后的填补效应等问题，因此在热浪对健康的影响机理方面尚需进一步的研究。另外，用数值预报结果来监测热浪及预测热浪引起的人群超额死亡是可行的，有较好的效果。但是，数值预报作为一种天气要素预报的客观方法，其预报准确率将直接影响到热浪的监测预警，可以尝试在数值预报的基础上针对高温作出专门的订正预报，以提高预报结果的准确性。另外，随着样本数的增加和运行结果的积累、评价，对超额死亡的预测模型也需要不断的改善，可以更为准确地监测热浪及其影响，提供准确的热浪警报，减少因热浪引起的疾病和死亡。

3. 政府应急管理部门联动机制相对薄弱

高温热浪的隐蔽性及健康影响等特点，决定其需要多部门的合作。但是，程顺祺等（2019）的调查研究显示，我国地方政府各部门之间的联动机制相对薄弱，导致高温热浪应急体系的不顺畅。

在横向上，虽然涉及应急管理的部门较多，但或因力量分散、各自为政，加之预案的指向性不强形成应急缺位，或因自成体系、缺乏信息交换导致职能交叉，形成越位（祝燕德，2009）。例如，虽然关于热浪的气象预警到位，但是气象预警并没有有效结合公共卫生部门进行进一步健康干预，在热浪发布预警的同时，没有及时给予特殊脆弱人群（如慢性病人、老年人、户外工作者）强有力的健康指导和干预。

在纵向上，依据高温热浪规模和影响来实施分级分类管理，地区之间缺乏沟通与衔接，部门之间也缺乏一个强有力的综合协调机构（祝燕德，2009）。例如，上海市的热浪预警与联防联动，主要依靠上海市政府建立市应急联动中心进行统一协调，但是该协调机制只适用于热浪事件应急过程中的非常态化的响应，而针对于气候变暖和高温事件频发的高危风险应对，仍缺乏融入政府日常风险防控层面的常态化的协调响应机制，这可能导致高温热浪风险常态化防控能力的不足。另外，上海市地处长江三角洲城市群，与浙江省杭州市、江苏省南京市组成了一个热浪事件多发的三角地带。因此，建立地区间的热浪风险沟通机制也日益紧迫。

4. 相关风险识别和评估能力有待提高

近年来，以"政府主导、部门联动、社会参与"的上海多灾种早期预警体系日趋完善。作为世界气象组织的示范项目，以多灾种早期预警系统为核心的上海城市气象服务模式，在国际上产生了深刻的影响。世界气象组织将其作为5个全球推介案例之一，并写入世界气象组织服务战略，作为城市气象防灾减灾的标准化流程向全球推广。上海先进的防灾减灾理念和城市防灾中的成功实践，也将为其他发展中国家推进早期预警系统，有效提高预报预警能力减低灾害风险提供宝贵经验（Gennaro et al.，2015）。但该系统主要覆盖城市，忽略了农村地区；且提供的健康保障不充分，忽略了高温与大气中致敏原及污染物等其他环境因素的交互作用（Xu et al.，2013）。动态的高温热浪风险地图功能开发不够充分，监测范围、精度和准确度还有待提升，预警信息及时发布的渠道相对有限（程顺祺等，2019）。

缺少精细化、有针对性的风险评估，加之部门间联动机制不完善，以至于应急准备不充分，政府决策也缺乏针对性。高温热浪往往诱发次生或衍生灾害，但灾害预报及其对具体行业可能影响的分析过于粗浅，如气象部门很难获取农业、水利、卫生、医疗、交通、电力等部门的数据资料，这导致高温热浪对农业生产和粮食安全、水资源安全、公共卫生、医疗的风险评估信息不准。

5.6 寒潮——2008年南方地区特大寒潮

5.6.1 案例背景

寒潮通常指来自高纬度地区的寒冷空气在特定条件下迅速南下，造成沿途出现大风和大幅度气温降低，常伴降雨、雪霜冻等现象，对工业、农业、交通、通信等带来损害，同时对人们生命健康造成风险。中国对寒潮的定义通常为，在一次寒冷空气入侵后日最低气温≤4℃，且日最低气温降温幅度满足如下三个条件之一：①24h内≥8℃；②48h内≥10℃；③72h内≥12℃。由于全球气候变暖，近年来我国发生寒潮发生的数量渐渐减小，但高强度寒潮发生的比例显著增加。2021年2月美国中西部地区遭受百年难得一遇的寒潮袭击，密苏里州的堪萨斯城气温下降至-32℃，是1989年以来该州的最低气温，有数据显示近1.54亿民众受到寒潮影响。寒潮伴随而来的暴风雪事件增加了交通事故的发生概率，多地发成伤亡事件。同时恶劣天气使得多州航空服务关停，造成极大的经济损失①。

寒潮对人类健康的影响可以分为直接影响和间接影响。寒潮可能会直接导致冻僵和冻伤的发生，雪后路面湿滑，容易造成人们滑倒，发生骨折；寒潮可能造成心脑血管疾病、呼吸道疾病、消化道疾病等疾病急性发作；寒潮对孕妇

---

① Extreme Winter Weather Wreaks Havoc Across U.S. https://nymag.com/intelligencer/2021/02/extreme-winter-weather-wreaks-havoc- across-u-s.html.

及胎儿都会造成不良的影响，例如，导致孕妇生产发生先兆子痫的可能性，以及导致早产的风险增加（Magnus et al.，2001）。同时，寒潮还可能会增加一氧化碳中毒的风险。

寒潮来袭时，老年人、婴幼儿、有精神疾病的人更容易受到影响，同时寒潮带来的健康风险与社会经济地位有关，社会经济地位低的人群更易受到寒潮影响（Green et al.，2013）。

国际上针对寒潮的适应性策略包括：出台禁止在冬天驱逐住客的法律条文，资金援助新能源建筑建设、燃料补贴，建立寒潮预警系统预警，对无家可归的人们开放寒潮避难所，针对脆弱人群进行社区干预（包括行为、衣服、适应性药物质量、保暖措施）等。

1961 年 1 月 1 日至 2008 年 12 月 31 日，我国华南地区在近 48 年中共出现了 221 次寒潮过程，平均每年 4.6 次，影响时间从 10 月至次年 4 月，以 12 月、1 月、2 月、3 月为主，占 88.7%；1 月是寒潮发生最频繁的季节，其次是 2 月、3 月和 12 月，10 月最少，只发生过 1 次（1978 年 10 月 26～27 日）（伍红雨等，2010）。2005 年 1 月上中旬华南、江南地区发生的严重的寒潮灾害，这一时段的平均气温是 20 年来同期的最低值（中国气象局国家气候中心，2006）。

在我国广东省，虽然寒潮灾害出现频率和最低温度远远低于北方，但广东大部分寒潮温度下降幅度在 10～19℃左右，为全国之最。寒潮会给农业、交通、电力及人类健康带来巨大损失，是华南地区继洪涝、热带气旋以后损失第三大的极端气候事件。

我国对寒潮导致的健康损害的研究大多集中于北方地区，对南方地区的研究相对较少。有学者研究显示，南方地区人群对寒潮的脆弱性相较于北方地区更高。2008 年 1 月上旬至 2 月上旬，我国南方地区遭遇百年一遇的寒潮影响，遭受极为反常的持续性低温冰冻雨雪天气的袭击，公路被迫封闭，铁路、民航运输严重受阻，使成千上万返乡旅客滞留或困在路上。输电线铁塔倒塌、鱼群暴毙，煤、电、水、油、蔬菜供应全面告急，给人民正常的生产生活造成了极其严重的影响，致使 100 余人死亡，直接经济损失 1 500 多亿元（邹海波等，2011）。此次寒潮过程持续之长，影响之大均为历史罕见。广东省政府采取了一系列有效措施对寒潮进行干预。因此，我们选择 2008 年广东省对寒潮采取的适应性策略作为典型案例进行分析。

2008 年南方地区特大寒潮特征：

（1）范围广。2008 年 1 月中旬，受到"拉尼娜现象"的影响和异常[①]，我国南方多数地区出现 50 年一遇的寒潮（部分地区为百年一遇），此次寒潮影响范围广，20 个省（区、市）不同程度受灾[②]。

（2）持续时间长。广东省连续低温时间长达 33d，粤北地区出现雨夹雪天气，并持续出现大范围的冰冻。

（3）交通运输严重受阻。此次寒潮正值春运高峰期，由于广东省粤北地区及邻近省份的交通设施受到损害，雪灾导致京广铁路的电气化接触网受损，致使多班列车取消；多个城市的机场因积雪被迫关闭，大量航班延误、取消。数百万人被迫滞留于火车站、机场等，造成了罕见的突发性社会公共事件。

（4）损失严重。根据统计，广东省直接经济损失达 166.41 亿元，受灾人口 397 万人，紧急转移安置人口 23.1 万人（林良勋等，2009）。

（5）造成健康危害。与 2006、2007 和 2009 年同期相比，2008 年寒潮期间，广州市市民因呼吸系统、心血管疾病死亡的死亡率明显增加，增加了 35%。

5.6.2 重点干预措施

1. 加强粤北地区、重点部位监测，多渠道发布预警和气象服务信息

2003 年，广东省成立"寒冷灾害防御中心"，并于每周日发布灾害监测预测周报。2008 年寒潮来临前夕，中央气象台于 1 月 11 日 6：00 发布了暴雪橙色警报（左雄等，2008），但广东省在前期并未及时启动应急预案，也没有及时向公众发布预警信息，直到 1 月 27 日，广东省气象局才启动应急预案（图 5.22）。

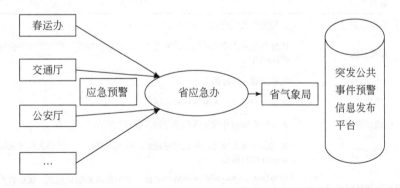

图 5.22　广东省突发公共事件预警信息发布流程

① 2007 年 8 月～2008 年 1 月赤道东太平洋海温持续 6 个月较常年同期偏低 0.5℃以上，2007 年底负距平值甚至超过 1.5℃，而且发展十分迅速，是近年来最为严重的一次"拉尼娜"事件。

② 2008 年低温雨雪冰冻灾害影响程度。http://www.weather.com.cn/zt/kpzt/1238913.shtml。

在寒潮发生后，广东省立即在粤北地区加设电缆积冰的监测项目，并在广州火车站、京珠高速公路等人群滞留场所安排了应急气象服务车辆，进行现场监测工作并提供应急服务。

在信息发布方面，广东省政府采取多种渠道发布预警信息和气象服务信息，包括公共事件预警信息发布平台、天气短信服务平台、电视新闻、广播、报纸书刊、LED 屏幕等多种传播途径，确保民众能够及时获取权威、有效的信息。此次寒潮中，政府部门利用天气短信服务平台，向市民发送气象信息和交通相关信息，总计 8 亿条；在人群滞留地点，如火车站和高速公路拥堵段进行定时精细预报；气象预报员向民众直播寒潮灾害情况和防御措施；电视、电台插播气象和交通指引信息（林良勋等，2009）。

2. 建立部门联动的应急响应机制

仅仅发布预警是远远不够的，寒潮带来的负面影响已经超过了居民的个人承受能力，故应对寒潮，更需要政府各部门做好充分的应急预案。

在此次寒潮中，广东省尚未有专门的针对寒潮的应急预案，为了指导各部门的工作，广东省在其他部门的预案的基础上，及时制定了应对寒潮的应急预案。同时，广东省在全国率先成立省级应急管理专家组，为省政府出谋献策，提高了政府的决策效率。同时，各方联动，落实三保政策："保电力、保交通、保民生"（表 5.13）（纪家琪，2008）。

表 5.13　多部门联防联控具体职责

联动主体	具体职责
广东电网公司	参与抗灾救灾抢险，全力抢修电力设施
驻粤部队	进驻粤北抗冻救灾一线、除冰通路、运送救灾物资，广州军区多位将军参加破冰战斗
公安民警	疏导交通、维持治安
铁道部	调集内燃机车、大型发电机支援广东
交通运输部	协调粤鄂赣湘桂豫省区联动分流，缓解京珠北交通压力
民政部门	采取防寒救助措施，开放避寒场所，特别对贫困户、流浪人员等采取紧急防寒防冻应对措施
城乡建设和林业部门	指导果农、菜农和水产养殖户采取一定的防寒和防风措施，做好牲畜、家禽和水生动物的防寒保暖工作
卫生部门	采取措施，加强低温寒潮相关疾病防御识宣传，组织做好医疗救治工作
气象部门	加强监测，及时发布寒冷警信号、寒潮警报及相关防御指引，适时加大预报时段密度；了解寒潮影响，进行综合分析和评估工作

3. 协调人力、物力、财力，集中突破关键节点

电力、煤炭、交通三者是直接关系到人流、物流畅通和社会运转、国家稳定的基本要素。在电网抢修方面，地方政府组织人员连夜抢修电网线路，恢复变电站。南方电网公司印发《抗冰救灾电网恢复调度总体方案》表示，南网总调、运行维护单位、抢修复电总指挥及施工队伍将保持密切联系，及时通报抢修工作进展等信息，及时协调抢修和复电计划。在各级党委、政府和社会各界的大力支持下，2008年春节前，受灾害影响停止供电的90个市（县），先后有88个市（县）赶在大年三十之前恢复了主网供电；未能通过主网恢复供电的两个县城及所有这次南方电网区域内因受灾停电的乡镇居民，也都通过公司紧急调集和抢运的5 400多台柴油发电机，保证用电。

在煤炭供应方面，煤炭是主要的发电资源，因此保证煤炭的充足供应对于雪灾应对具有重要意义。铁路、交通运输部门突击抢运电煤，铁路电煤日均装车达4.3万车，同比增长53.9%，秦皇岛等北方四港日装船130万吨，同比增长24%，2008年2月24日，直供电厂存煤恢复到正常水平。

在交通运输方面，交通运输部门组织广东、湖南、湖北、江西、广西、河南6省进行联动，加强人员、设备、物资等多方面的合作与交流，另外采取免收通行费等分流措施缓解京珠高速铁路的压力。为保证道路畅通，动员各方力量投入到除雪破冰、疏通道路、抢修损毁电路和运送救灾物资等工作中。解放军、武警部队是抗灾救灾的主力军，其组织能力强、调动及时等优势在该次雪灾救援中凸显，截至2008年2月12日，累计出动兵员66.7万人次。交通运输部门与气象、交警、通信等部门联手合理疏通道路的同时，各地也组织干部职工上路破冰，铺设麻袋，组织车辆分流。整体工作重视协调配合以提高疏导滞留车辆的效率。

4. 保障群众安全，做好滞留人员的安置工作

按照地方政府属地管理、分片负责的原则，对所有滞留人员就地安置，并安排好食宿。一方面认真做好宣传工作，公安部门组织警车架设高音喇叭进行动员，发布告示等，促使滞留旅客配合做好疏散、安置工作；另一方面组织企事业单位做好司乘人员的接受安置工作，动员高铁沿线的服务区尽量吸纳滞留车辆和人员，保证食物和饮用水的供给，赠予棉衣棉被、毛毯、药品等日常生活用品保证基本生命安全。截至2008年2月5日，广东全省共下拨棉被23 837床，棉衣76 528件，食品26 183箱，牛奶2 348箱，药品300箱[①]。

---

① 广东省民政部门接收捐款人民币7 860万元和港币1 000万元。http://www.mca.gov.cn/article/special/xz/dfdt/200802/20080210011608.shtml.

5.6.3　干预效果评估

1. 短期社会安全控制效果好

在此次寒潮事件中，广东省通过多种措施并线，没有造成群死群伤事件；没有因寒潮直接导致冻死、饿死、病死的事件；气象部门具有较快的寒潮预警和针对公众的风险沟通，通过多种媒体广泛发布寒潮预警信息；通过驻粤部队的道路破冰战斗，及公安民警疏导交通，调集内燃机车和大型发电机支援，总体的交通管制情况较好，没有造成重大交通事故；对滞留人群疏散较为及时，没有造成严重治安事件（纪家琪，2008）；对贫困户、流浪人员等高危脆弱人群，社会保障部门通过开放避寒场所，及时对该类人群进行快速收容和安置；通过与能源部门的协调配合，以及多种备用供电措施，保证寒潮期间的持续供电，家庭可以通过空调或电暖气等自供暖设备，减少寒潮对生活和脆弱人群健康造成的影响；卫生部门加强低温相关疾病防御健康宣教工作，组织好医疗救治工作。总体而言，此次寒潮事件的短期健康干预和灾害事件控制是有效的。

2. 对于流动人口的风险沟通不畅，存在春运滞留

由于此次寒潮事件正值春运，而广东省存在大量返乡过年的流动人口，面对春运高峰的流动人口进行高效的寒潮风险沟通，这对政府应对提出了巨大的挑战。1 月 23 日是 2008 年春运的第一天，从这一天开始，广州火车站由于铁路运行不畅导致滞留车站人数逐日增加，2 月 2 日单日车站滞留人数甚至增加到 24 万。尽管政府及时通过多种途径发布天气预警、春运流量等信息，甚至呼吁广大群众在广东过年，但在 1 月 30 日～2 月 2 日，依旧出现滞留旅客数目逐日攀升的现象（图 5.23）。

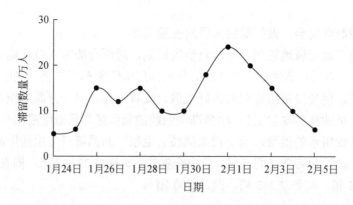

图 5.23　2008 年 1 月 24 日～2 月 5 日广州火车站滞留人数

该现象在一定程度上，确实是受到春运高峰的影响；但是，也反映了政府对于流动人口在寒潮方面的风险沟通不畅通。主要造成沟通不畅的原因包括两方面：一方面，由于滞留旅客大部分是外来打工的农民工，他们的信息获取能力较弱，不够关注政府发布的预警信息；另一方面，公众回乡过年的传统意识浓厚，而风险防范意识较弱，尤其是广东省等亚热带地区的居民习惯暖冬，对于寒潮的认识不足，认识不到寒潮可能带来的交通压力，甚至是健康危害。因此，大量的流动人口，宁愿以身犯险，也不愿在异乡过年（胡爱军等，2010）。

3. 多部门信息传递不够高效

在此次寒潮事件中，广东省气象部门虽然都做到了对灾害性天气进行监测，并及时发布预报预测结果。但是，在及时有效地提供气象服务方面，做得不尽如人意。各部门在收到气象局发布的预警后，都及时采取措施积极响应，但由于信息共享不足，风险沟通不畅，导致在应对寒潮时，对其带来的各方面的危害认识不充分、处理碎片化。例如，气象部门发布的信息，主要为寒潮天气的预警预报，对电力、卫生、交通、供水、环境等对各行业中可能存在的风险界定不明确，不利于决策者和公众的理解。我国南方地区，一旦出现罕见的寒潮，公众只知道气温骤降的发生，却不知道寒潮可能带来的多种具体危害、自己是否属于脆弱人群，以及家庭和个人可以采取哪些应对措施进行防护。

同时，由于缺乏部门的有效信息交流，没有从灾害链和连锁危机的角度对寒潮可能引发的一系列灾害进行分析，故对其处理碎片化，风险防范不系统（胡爱军等，2010；汤敏慧等，2008）。例如，寒潮可能导致心脑血管疾病、呼吸道疾病、消化道疾病等疾病急性发作，这对患有基础性慢性疾病的老年人群、儿童、贫困人群等的健康将造成更多的危害。目前，针对寒潮的适应性策略，如针对脆弱人群进行健康干预，包括捐赠衣物、提供保暖措施、慢性病人健康指导、心脑血管病人适应性药品发放等措施，我国与国际寒潮适应性策略相比较，仍存在巨大差异，例如，国际上资金援助新能源建筑建设，燃料补贴，针对脆弱人群进行社区干预（包括行为、衣服、适应性药物质量、保暖措施）等。

4. 缺乏寒潮其他健康结局监测及有效干预

有学者对 2008 年寒潮给人们带来的短期健康影响进行了研究，选择了广东省的三个城市——南雄市、广州市和台山市，分别坐落于广东省最北、广东省中心、广东省南部沿海地区。具体的研究结果如表 5.14 所示，与 2006、2007 和 2009 年同期数据相比，2008 年寒潮期间，广州市、南雄市、台山市的死亡人数分别比其他三个年份平均值高出了 42.7%、52.1%、35.3%。居民因呼吸系统疾病和心血管疾病死亡风险也明显增加（梁钊扬等，2019）。

表 5.14 2008 年寒潮对广州市、南雄市、台山市短期死亡率的影响

影响	广州市		南雄市		台山市	
	超额死亡率/%	百分比/%	超额死亡率/%	百分比/%	超额死亡率/%	百分比/%
总死亡率	18.8	42.7	17.9	52.1	15.1	35.3
呼吸系统疾病	3.1	39.5	8.2	87.6	4.4	78.8
心血管疾病	10.64	66.5	8.7	66.2	10.4	39.7

寒潮除了冻伤之外，还会对呼吸系统疾病和心血管疾病等造成严重影响，甚至产生超额死亡率，对人群健康造成严重影响。如果仅仅是对寒潮事件的应急干预（如交通疏导、人群庇护等），而缺乏对人群健康适应性的措施，那么就只能减少寒潮造成的冻死、冻伤的比例，却无法有效改善人群应对寒潮产生的疾病负担。因此，除了气象部门预警、交通运输部门疏导等措施外，医疗和公共卫生部门亟需针对寒潮事件，关注人群健康的应对，并开展长期的干预策略，如健康宣教、脆弱人群干预等，从而降低寒潮来临时的疾病负担和超额死亡率。目前，此项健康适应策略我国仍较少开展。

5.7 台风——2018 年广东省台风"山竹"

5.7.1 案例背景

台风是一种强烈的热带气旋或热带低压，按世界气象组织定义，热带气旋中心持续风速 33m/s 或以上，称为"飓风"、"台风"、"热带风暴"、"强热带风暴"或者其他近义词。台风是我国和东亚以及西北太平洋地区的名称，印度洋地区称其为"热带风暴"，而大西洋和东北太平洋地区一般称其为"飓风"。2006 年修订后的《热带气旋等级》（GB/T 19201—2006）将按照热带气旋底层中心附近最大平均风速大小划分为 6 个等级：热带低压（6～7 级）、热带风暴（8～9 级）、强热带风暴（10～11 级）、台风（12～13 级）、强台风（14～15 级）、超强台风（≥16 级）。

台风是大气中发生的最强烈的天气系统之一，台风过境时常常带来狂风暴雨，危害包括强风、暴雨、风暴潮、风浪、长浪等天气和海洋现象，严重威胁航海安全。此外，台风登陆造成的经济作物损失、基础设施破坏、房屋破损等，给社会经济发展带来负面影响。

联合国发展计划署 2004 年在《减少灾害风险：一个发展的挑战》（*Reducing Disaster Risk: A Challenge for Development*）中提出，飓风（台风）造成的伤亡事

件及精神伤害给公众健康带来巨大的威胁，同时台风造成的基础设施破坏及公共卫生服务供给中断加剧其带来的负面健康影响（Bourque et al.，2006；United Nations Development Programme，2004）。联合国环境规划署在《2018 适应差距报告》（*Adaptation Gap Report* 2018）中表示热带气旋（包括台风和飓风）在过去 20 年里影响 7 亿多人（其中 16%为受灾群众），在此期间造成至少 23 万人直接死亡（Martinez et al.，2018；Wallemacq et al.，2018）。许多次生灾害如洪水、山体滑坡、风暴潮等会增加健康风险（Kishore et al.，2018；Malilay，1997）。灾后的公共卫生服务也是一个严峻的议题，台风对卫生保健设施的破坏，减弱了传染病媒介的控制；台风破坏野生动物的栖息地，并增加了当地居民暴露在野生动物与蚊虫所处环境的机率，导致野生动物和蚊虫对人类的伤害次数增加；灾害造成心理疾病，抑郁症、焦虑症等，灾后心理重建也是一个难点（Shultz et al.，2005）。在发展中国家，台风等自然灾害与低收入、资源贫乏、人口密集、城市化等社会经济现象交互影响，加剧发展中国家人口的脆弱性，台风所带来的健康影响更为强烈（Hales et al.，2003）。

在应对台风事件上，国际上实行或提出的应对措施包括：①在制度安排上，将台风等气候风险应对纳入国家发展计划，减少制度碎片化；②在人员准备上，普吉台风等灾害应对知识，提高社会应对意识；③在风险监测上，建立并完善早期预警系统；④在基础设施建设上，设立安置点做好人群转移工作，以及提高建筑物高度，加固水电等基础设施；⑤在应急管理上，建立灾害管理的政策框架；⑥在资金上，建立灾害事件的应急资金，依托金融市场分散台风风险（Manuel-Navarrete et al.，2011）。

我国是全球受台风灾害影响最为严重的国家之一，据中国天气网统计显示，接近 90%的台风都是在我国华南地区登陆（包括广东、广西、福建、海南及港澳台）。刘旭拢等（2012）统计 1980~2010 年台风登陆的数据，总结我国华南沿海地区台风受灾有发生频率高、灾情群发性、降雨强度大、季节性强、损失严重等特点。王文秀等（2018）统计 1951~2016 年华南地区台风数据总结出台风强度主要集中在热带低压、热带风暴、强热带风暴；空间分布上，广东、广西、海南三省频次最高；时间分布上，每年的 7、8、9 月为台风活跃月份。台风灾害造成严重的社会经济损失，其常发地区（沿海地区）为我国经济发展水平较高地区，人口集中，且气候变化带来的台风频次增加，强度增大等，使得台风造成的经济损失呈动态上涨趋势。此外，台风造成的次生灾害对我国的风险管理能力提出巨大的挑战，台风及其次生灾害也对人群的生命健康造成严重威胁。

台风"山竹"是 2018 年 3 月应急管理部成立以来面临的重大自然灾害事件。

广东省经济发达，位于东南沿海地区，应对台风经验充足。台风"山竹"虽然风力强度大，但是由于应对措施到位，造成的人群生命损失很小。据统计，截至 9 月 17 日 12 时，"山竹"台风导致广东省受灾人口总计 306.58 万人，紧急安置人口 126.37 万，但此次超强台风"山竹"，仅造成广东省 4 人死亡。广东、广西、海南、湖南、贵州、云南 6 省共计 5 人死亡。与路径相似、强度相近的 2008 年"黑格比"、2015 年"彩虹①"、2017 年"天鸽②"相比，台风"山竹"在所有受灾地区造成了较少的死亡人数，死亡人数分别减少 41 人、18 人、26 人。③

2018 年广东省台风"山竹"特征：

总体而言，台风"山竹"具有"台风风力强度大、大风范围广持续长、特大暴雨点多面广、影响区域重叠、台风极端性强的特点"的特点（Sheng et al.，2018；Shultz et al.，2018）：

（1）风力强度大。2018 年第 22 号台风"山竹"（强台风级）是 2018 年登陆我国最强的台风，也是 1949 年以来登陆珠江三角洲的第二强台风（第一强台风是 2017 年台风"天鸽"）。

（2）大风范围广。台风"山竹"于 2018 年 9 月 7 日在太平洋深处生成，随后一路向西移动，强度不断增强，15 日登陆菲律宾后，"山竹"强度有所减弱，降为强台风级，并于 16 日 17 时前后在广东台山沿海登陆（强台风级，45m/s）。阵风最大的区域主要集中在珠三角地区，江门、中山、珠海、深圳、惠州、汕尾、香港、澳门等地出现 14～17 级阵风（Shultz et al.，2018）。

（3）受灾范围广。2018 年 9 月 18 日应急管理部发布台风灾情，台风"山竹"已造成广东、广西、海南、湖南、贵州 5 省多区近 300 万人受灾，5 人死亡，1 人失踪，160.1 万人紧急避险转移和安置；1 200 余间房屋倒塌，800 余间严重损坏，近 3 500 间一般损坏；农作物受灾面积 $1.744 \times 10^5 \text{hm}^2$，其中绝收 $3.3 \times 10^3 \text{hm}^2$；直接经济损失 52 亿元（Sheng et al.，2018）。

（4）特大暴雨点多面广。"山竹"登陆雷州半岛到海南岛东北部，影响区域与同年第 23 号台风"百里嘉"重叠，风雨的叠加效应明显。广东大部分地区、香港、澳门、海南北部、广西东南部、台湾东部等地出现暴雨或大暴雨，广东深圳、惠州、江门、阳江和香港局部地区等地出现了特大暴雨（250～426mm）；广东惠州到阳江一带沿海地区出现 1～1.8m 的风暴增水，珠江口附近增水达 2～3.4m。"山竹"除了给华南地区带来强风雨，远在华东的"江浙沪皖"也下起了暴雨或

---

① 已被除名，替补名为"舒力基"。
② 已被除名，替补名为"山猫"。
③ 应急管理部：台风"山竹"已致 6 人亡。https://baijiahao.baidu.com/s?id=1612030106800615156&wfr=spider&for=pc.

大暴雨，江苏苏州更是出现了特大暴雨（250～308mm）（Shultz et al.，2018）。

（5）台风极端性强。"山竹"的大风极端性较强，给广东西南部、广西南部沿海造成重度破坏，简易厂房、低矮自建房及广告牌等户外悬挂物、部分海上渔排网箱和小型船只受损（Shultz et al.，2018）。

5.7.2　重点干预措施

1. 应急管理部指导，重点部门联动，形成应急救援"一盘棋"组织指挥机制

面对事故灾害，应急管理部统筹部署，与各个部门积极合作，调动各方力量，实行应急救援一盘棋的指挥机制（图5.24）。目前，自然灾害防治工作部际联席会议制度已建立（屈辰，2019）。

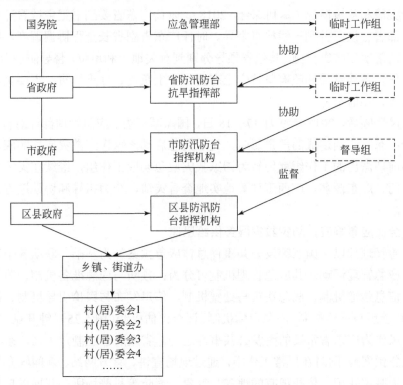

图5.24　"山竹"期间的领导体制

在获得台风预警信息后，应急管理部整合应急办、救灾司、地震和地质灾害救援司、消防局、安全生产监管、国家减灾中心单位资源，组成两个工作组前往广东、海南地区，协助做好台风灾害防范应对准备工作，开展抢险救灾和安全防范工作检查（本刊综合，2018）。灾害发生后全力开展抢险救援，后期工作组就地转为救灾应急响应工作组，协调调集救灾物资和资金，指导协助地方做好受灾群众基本生活保障工作。

台风应急准备期间，应急管理部牵头建立每日会商研判机制，会同气象、水利、交通、防汛等部门，每天两次在部指挥中心召开防御超强台风"山竹"会商研判视频调度会，了解最新风情雨情灾情，吃透问题风险，科学指导防台风工作，做充分的准备，凝聚防灾减灾合力（Field et al.，2012）。

在台风影响期间实行每日调度机制，启动内部II级响应，各部门领导24h应急值守，工作人员24h在线，一线连接调度指挥，根据台风变化、实时灾情，及时调度应急救援力量，采取针对性防御措施和开展有效应急救援。主要负责人在部指挥中心，与广东省消防总队及台风首批过境区域消防支队进行视频连线，了解最新灾情和救援情况（本刊综合，2018）。时任广东省委副书记主持召开全省防御工作部署会议，并到一线检查督导。时任广东省副省长全程协调调度，组织各地各部门落实好防御措施。其他省领导分别到有关地市和单位，督导防御台风"山竹"工作。各地党委和政府坚持守土有责、守土负责、守土尽责，主要负责同志亲自部署、靠前指挥。

台风登陆后，2018年9月17~18日，国家减灾委、应急管理部针对台风"山竹"给广东和广西造成的严重影响，先后紧急启动国家IV级救灾应急响应，应急管理部前期派出的工作组就地转为国家救灾应急响应工作组，继续在灾情严重的广东江门、广东茂名、广西玉林等地实地查看灾情，全力指导和协助地方开展救灾工作。

2. 全面应急响应，防灾救灾服务供给迅速

应急管理部以《国家突发公共事件总体应急预案》为基础，联动各个政府部门开展应急管理活动。其应急管理机制可分为：预防与应急准备机制、监测预警机制、信息传递机制、应急决策与处置机制、信息发布与舆论引导机制、社会动员机制、善后与重建机制、应急保障机制、调查评估机制（图5.25）（钟开斌，2009）。

台风作为广东省常发的突发公共事件之一，省政府已经制定了《广东省气象灾害应急预案》，同时在日常工作中，通过现场宣讲、官方网站、新闻媒介等方式普及防灾减灾知识，依托现有的地震、气象、消防等科普场所，开展以自救互救为主要内容的应急技能宣传培训，提高社会危机意识及自我保护能力。在应急救援队伍建设方面，全省建立省-市-县三级综合应急救援队伍，同时一些基层单位（乡镇街道等）建立"一队多能"的基层应急队伍，以便对突发应急事件作出更迅速的反应和应对。

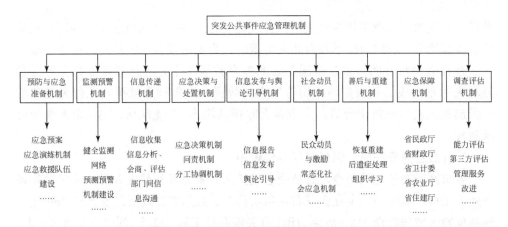

图 5.25 突发事件应急管理机制结构体系

　　在台风来临前，一方面，整合气象、水利、民政等多部门的监测系统，及时识别台风的危害性，及时发布一级预警信息。另一方面，省气象局、国家海洋局南海分局、省水文局加密滚动预报，及时更新台风路径及受灾情况。

　　台风"山竹"来袭，相关部门及时预警，提前宣传应急、自救知识，极大程度上降低灾害对民众的影响（屈辰，2019）。在抗击台风期间建立新闻宣传引导机制，不断更新应对，省委网信办启动最高级别应急响应，做好相关舆情管控。省直主要媒体和地市主要党报新媒体平台已设置十余个专题专栏刊发稿件。"山竹"的最新工作进展通过新华社、人民日报、中国应急管理报等媒体报道，让全国人民了解到应急管理部等各部门应对"山竹"的最新举措和进展。

　　在应急决策与处置机制方面，应急管理部牵头建立每日会商研判机制，会同气象、水利、交通、防汛等部门每天两次在部指挥中心召开防御超强台风"山竹"会商研判视频调度会，了解最新风情雨情灾情，科学指导防台风工作，做充分的准备，凝聚防灾减灾合力（Field et al.，2012）。在省级方面，通过省防总多次召开全省台风防御工作视频会议，对做好台风防御各项工作进行部署，省经信委、教育厅、国土资源厅、住建厅、交通运输厅等部门联动，做好动员工作以及防风工作。

　　在舆论引导方面，广东省委宣传部向 21 地市委宣传部、网信办和省直主要媒体下发防台风紧急通知，要求各媒体及新媒体平台做好 24h 滚动信息播报，组织全媒体推送防台风预警信息和避险、自救等知识，及时辟谣，动员引导公众防灾自救。

　　在应急保障方面，通过军地协调联动机制，省军区、武警广东总队、省消防总队等抽调兵力作为抢险救援的主要力量，整合应急救援队伍，分配人员到各重灾区，如湛江、阳江、茂名等地。同时与辖区驻军沟通对接，协调做好参加救灾准备。省民政厅外派工作组到灾区指挥现场工作，同时开放应急避难场所，调拨各项救援物资。省财政厅下拨自然灾害救助金为灾后救援与恢复提供资金保障。

在社会动员方面，来自全国各省的多个救援队作为应急管理部社会力量参与救灾的重要成员积极参与"山竹"灾情救援。洛阳神鹰救援队在台风登陆前一天出发远赴广东抗击台风；广东蓝天救援队派出 17 支队伍，196 余人参加台风救援。

3. 开放应急庇护所，强化各项基础设施

各市区发布紧急动员令，开放应急庇护所，紧急转移受灾人员，及时关停各项建设工程。湛江市向全社会发布紧急动员令。启用庇护场所及安置点 766 处，转移危险区域的群众 115 775 名。阳江市关停在建工地 132 个，撤离人员 8 909 人。关停 12 处海滨浴场、旅游景区，撤离景区人员 3 258 人，启用庇护场所 347 处，转移危险区群众 16 930 人，安置群众 9 055 人。江门市转移安置危险区域人员 29 200 名，启用庇护场所 1 174 个。珠海市领导组成 7 个督导组赴各区督导检查防风工作。关停工地 719 个，转移危险区域 76 896 人。

同时在台风来临前做好基础设施的检查与加固工作。广东省公安厅部署湛江，茂名，阳江，江门，中山，珠海等地交警部门启动Ⅰ级响应，各地对道路交通安全隐患排查，共排查整改 1 500 多个点段；对交通信号灯进行维护，防止漏电事故，共维护交通安全设施约 500 处。广东省通信管理局进一步对重要通信设施进行安全巡查和防风加固，累计排查处置隐患 3 799 个站。广东电网公司派出 2 组现场督导组抵达湛江、茂名地区督查。80 台发电车、200 余套卫星通信设备预置台风登陆可能受影响地区，充分做好应急抢修准备。

4. 启动Ⅰ级响应，全面停工停产，及时发布居家防护要点

全省启动防御台风Ⅰ级应急工作机制，台风过境期间，全省实行全面停工、停学、停运、停飞。沿海 14 个地市超 20 000 项工程停工，包括房屋建设、市政基建、城市轨道交通建设等，危墙要围蔽，铁皮屋、危房、简易工棚中的人员全部撤离；沿海城市的渔船按指示全部回港避风，落实码头停业、渡口停运、船舶停航、渔排归港、人员上岸避险；各大旅游景区关停并启用庇护所转移并安置危险区人员；全省各级各类学校、培训机构等全部停课停学，各教育单位做好安全风险排查行动。

为了加强群众的自我防护意识，广东省使用多渠道科普台风相关的预警和应对信息，不仅包括微博、微信公众号等新媒体渠道，也包括电视、报纸、广播等传统媒体渠道，还有通过发送短信等形式更新台风信息。广东省是台风的高发地区，公众整体防控意识较强，能够很好地遵从政府引导信息。例如，台风来临前，预警信息提醒所有居民准备好手电筒、充足的食物、饮用水及常用药品等，做好停水停电的准备。公众还通过加固自身房屋和门窗等来抵御台风侵袭，及时清理阳台上的杂物防止高空坠物事件的发生。及时做好不实信息的辟谣工作，减少公众恐慌。另外，全省各级各类学校、校外培训机构全部停课停学，寄宿制学校学生原地做好防台风工作，各地各学校和工厂等开展排查，开展防风防雨安全隐患排查化解工作，重点对人员密集场所和重要部位的排查、加固，及时排除隐患，防止灾情叠加。

5. 保障医疗救援与加强开展卫生防疫工作

卫生部门还将防台风卫生应急责任压实到医疗救护、卫生防疫、心理救援、健康教育、物资保障、灾后恢复重建等各环节，确保一旦发生突发事件时，紧急医学救援、卫生防疫等卫生应急工作有效进行。通过及时发布台风过后防疫健康教育信息，重点宣传传染病防治、灾后食品安全、饮水卫生知识，使广大群众真正了解和掌握传染病防治的基本知识，可以有效引导公众的卫生行为，减少疾病产生。

另外，要加强传染病疫情、突发公共卫生事件监测和报告工作，组建防疫队伍，时刻准备进行灾后消杀工作。强受灾地区动物源性疾病及食源性传染病监测和病媒生物监测工作，一旦发现传染病疫情和突发公共卫生事件苗头，立即开展核实诊断、流行病学调查、标本采集检测、预防性服药、疫点处置、应急接种和环境消杀灭等防控措施，严防疫情扩散蔓延，确保受灾地区灾后无大疫。强受灾地区生卫生监督与监测，加强饮用水卫生、公共场所卫生和传染病防治的监督检查，加大对城市集中式供水和二次供水的监督检查力度，督促供水单位严格落实水源卫生防护、水质消毒等卫生管理措施，严密防范食源性和介水传染病的发生。做好防灾物资的储备和调动工作。另外，畅通重大伤亡事件和突发公共卫生事件的信息通报系统，各级卫生部门加强应急值守，保证应急人员通讯全天畅通，进入应急状态，做好应急物资和队伍准备，及时上报和处理突发灾害。

5.7.3　干预效果评估

1. 台风强度最大，生命健康损失最小

据统计，"山竹"台风导致广东省受灾人口总计 306.58 万人，紧急安置人口 126.37 万，倒塌房屋 1 913 间，农作物受灾面积达 23.21 公顷，直接经济损失 132.86 亿元。由于应急管理部门的超前部署，部门合作，此次超强台风"山竹"，仅造成广东省 4 人死亡，低于往年路径相似、强度相近的台风造成的损失。

通过对广东省近年来 4 次台风比较发现，此次灾情有以下特点：①死亡失踪人数明显减少，省死亡总人数分别较"黑格比"、"彩虹"、"天鸽"减少41人、18人、

26 人，造成了较少的人员伤亡，较其余 3 次台风均值减少 82.3%；②倒塌房屋数量明显减少，分别较"黑格比"、"彩虹"、"天鸽"减少 3.97 万间、0.87 万间、0.07 万间，较其余 3 次台风均值减少 92.6%；③直接经济损失明显减少，分别较"黑格比"、"彩虹"、"天鸽"减少 80.3 亿元、247.1 亿元、237.3 亿元，较其余 3 次台风均值减少 78%（Ford et al.，2008）（图 5.26）。这说明了台风"山竹"整体预警与应对措施到位。

图 5.26　4 次台风损失对比图（后附彩图）

并且广东省在台风"山竹"的公共卫生方面的应对处理较好，未接到因洪涝灾害导致传染病聚集性疫情，以及突发公共卫生相关事件的相关报告；医院就诊的各病种病例数与往期相比较，未见明显增多；公立医疗机构均正常运营，疫苗冷链系统未出现中断[①]。

2. 公众台风风险意识强，卫生医疗工作到位

在台风应急期间，广东省实行全面停工停产，几乎所有居民具有自我防护意识在台风期间不外出，这是台风造成的生命损失极低的根本原因。除了发布大量的防台风信息外，卫生部门还将防台风卫生应急责任压实到医疗救护、卫生防疫、心理救援、健康教育、物资保障、灾后恢复重建等各环节，确保一旦发生突发事件时，紧急医学救援、卫生防疫等卫生应急工作有效进行。例如，通过及时发布台风过后防疫健康教育信息，有效引导公众的卫生行为，减少灾后传染类疾病的

---

① 灾后无大疫！省卫计部门全力做好特大洪灾和强台风救灾防病工作。http://static.nfapp.southcn.com/content/201809/29/c1536372.html?group_id=1.

产生，有效保护人群健康。另外，加强受灾地区动物源性疾病及食源性传染病监测和病媒生物监测工作，一旦发现传染病疫情和突发公共卫生事件苗头，立即开展核实诊断、流行病学调查、标本采集检测、预防性服药、疫点处置、应急接种和环境消杀灭等防控措施，严防疫情扩散蔓延，确保受灾地区灾后无大疫。保障强受灾地区生活饮用水卫生监督与监测，加大对城市集中式供水和二次供水的监督检查力度，督促供水单位严格落实水源卫生防护、水质消毒等卫生管理措施，从而严密防范食源性和介水传染病的发生。此次的台风"山竹"事件中，由于这些医疗、宣教和公共卫生措施的落实到位，有效的保护了公众生命健康，公众的健康损失被有效控制和大幅度降低。

3. 预警信息传播迅速，但部分地区信息传达有效性低

在此次台风中，不仅提前 7 天通过多种信息渠道准确发布了预警通知，在当日还启动了 I 级应急响应方案。相关职能部门反应迅速中央和地方各部门通过短信、电视节目下栏字幕、微博、微信、热线电台等方式发布"台风预警提示"，同时跟进报道"山竹"应对工作进展和普及科学防范知识。各大政务平台发布 43 万多条微博，抢占舆论主场，及时辟谣不实信息。从百度搜索指数来看，广东地区对台风相关信息的搜索量排在全国第一（56.9 万条），反映出广东地区民众在受灾期间对台风灾害的关注度极高（李镝等，2019）。

但是，此次台风中，依然存在部分地区信息传达有效性不高的现象，特别是农村地区。可能存在如下原因：①在部分地方（镇级）的应急预案中，没有明确人员通知的流程和方式，使得信息传达不到位；②可能存在一些预警盲区，如留守老人、儿童、农民工、低保家庭、城市流动人群等，常规的信息预警方式不一定能够及时传达；③信息公信力不高，民众心怀侥幸，不够重视，都可以表现出当地民众对台风的危险意识欠缺（叶泽明，2019）。

5.8 龙卷风——2016 年江苏省盐城市阜宁县龙卷风

5.8.1 案例背景

龙卷风是一种水平尺度小，但是破坏力极强的突发性的强烈的漩涡现象，本质上是一种气旋，常出现在雷暴、冰雹和强降雨天气中。龙卷风发生有三个必要条件：湿润的空气必须非常不稳定；在不稳定空气中必须形成塔装积雨云；高空风必须与低空风方向相反。从而发生风切变将上升的空气移走（潘文卓，2008）。

由于龙卷风具有直径小、持续时间短、形成环境复杂等特点，其预测和预防在全世界范围内都是一个难点。目前，国际通用的龙卷风强度的测量标准于 1971 年由藤田哲也提出，并于 2007 年进行修订，该分类法将龙卷风分为 6 级（EF0 级~EF5 级），2019 年以前我国使用此标准（McDonald et al.，2006）。在此分类法的基础上，我国于 2019 年 8 月 1 日实施《龙卷风强度等级》，以龙卷发生时近地面阵风风速的最大值为指标，将龙卷强度分为 4 个等级，具体强度等级及其对应的典型灾害特征见表 5.15。

表 5.15　龙卷风强度等级划分及对应的典型灾害特征

改良藤田级数	阵风风速/（km/h）	中国强度等级	致灾程度	建筑物类①	构筑物类	树木类②
EF0	105~137	一级（弱）	轻度	门窗轻度破坏；屋顶轻度受损	杆体③轻度受损	树枝折断；细树干连根拔起
EF1	138~178	二级（中）	中等	门窗倒塌损毁；屋顶严重受损；少量墙体倒塌	杆体倾斜；铁塔④轻度受损	树干拦腰折断；粗树干连根拔起
EF2	179~218	三级（强）	严重	大量墙体倒塌；房屋结构破坏	杆体弯曲或折断；铁塔倒塌	枝叶完全剥离；树皮严重剥落
EF3	219~266					
EF4	267~322	四级（超强）	毁灭性	顶层完全破坏；房屋夷为平地	铁塔严重扭曲	树干严重扭曲
EF5	>322					

注：本表格中，相同等级内的灾害特征可能同时出现或者仅出现其中之一。

　　龙卷风是能对建筑物、农林作物、交通和渔业等产生极大破坏，带来极大的财产损失。龙卷风带来的健康风险主要为：人员伤亡和传染病。强龙卷造成的人员伤亡十分严重，造成人员伤亡的原因，一方面是其对房屋、基础设施等建筑物的破坏和损毁，以及伴随出现的飞射物如砖、瓦、树木等，造成不可控的人员伤亡；另一方面是龙卷风的强大气流直接将人卷入高空或抛出而造成的人员伤亡（杜康云等，2019）。此外，龙卷风造成的卫生基础设施损毁、卫生服务供给中断、流离失所者增加及其他环境条件的变化，会使得传染病发生可能性增加（Shultz et al.，2005）。

　　气候变化与极端气候事件频发有较大的关系，学界普遍认为龙卷风发生频率增加，发生范围变大与天气变化有关。尽管气候变化对热带风暴、飓风的影响有较多的研究，但气候变化对龙卷风这种小尺度的天气灾害事件的影响关注相对较

① 主要指典型性民居，对于临时性房屋和工厂厂房可以酌情参考。

② 包括针叶木和阔叶木，但不适用于根基不稳和枯萎的树木。

③ 包括金属和非金属材质的电线杆、路灯和旗杆。

④ 包括输出电塔和无线电塔。

少。雷暴和风切变是产生龙卷风的两个重要因素（Perkins，2016）。IPCC 第四次评估报告提到：气候变暖会导致更多水分蒸发，影响大气水循环导致气候系统更大的不稳定性，可能导致暴风雨天气的发生频次（Parry et al.，2007）。与此同时，有研究表示风切变的发生概率有下降的趋势。

美国、孟加拉国等国家是龙卷风的高发地区，先行的干预策略包括：在领导决策方面，将龙卷风纳入国家气象灾害政策中；在信息和技术方面，开发龙卷风预警系统、完善信息传播系统以提高公众的预防和应对能力、建设可持续性基础设施（防风避难所等）和房屋，提高抗风性；在应急管理方面，做好灾区的恢复工作；在龙卷风研究方面，建立龙卷风灾害数据库，结合实地调研以更好了解龙卷风威胁因素；在农业可持续性方面，进行产业转移，提高当地经济结构的稳定性（李沐寒，2017；Schmidlin et al.，2009）。

我国 85%的龙卷风是发生在平原地区的，特别是华北平原、长江中下游平原、珠江三角洲等。龙卷风主要发生在夏季，最高的频率是 7 月（Yao et al.，2015）。城市化的发展，高层楼房的建设不利于龙卷风的形成，因此近年来中国的龙卷风发生频次减少，但龙卷风一旦发生则强度较高。江苏省位于长江三角洲平原地区，地形平坦，水网众多，夏季乃至春末秋初高温高湿现象为强对流天气的发展和龙卷风的出现提供了有利条件，历史上有"震倾房屋数百家，震压男妇死者数百人，伤而未死者尤众，……，大树拔起，从空中粉碎落下"（卜光辉，2008）。有学者对江苏省龙卷风气候特征、地理分布、发生频次、灾情严重程度等进行分析（许遐祯等，2010；潘文卓，2008；陈家宜等，1999），对江苏省各城市的龙卷风灾害易损性进行评估，其中徐州、泰州、南通、苏州易损度最高；盐城、扬州、镇江的易损度较高。

江苏省国民经济发达，人口密度大，城市化水平高，龙卷风发生时造成灾害损失和人员伤亡也大。因而，研究具有典型代表的 2016 年江苏省盐城市阜宁县龙卷风事件，对了解各级政府防灾救灾、保障国民经济发展和人民生命财产安全具有重要意义。

2016 年江苏省盐城市阜宁县龙卷风特征：

（1）风力强。2016 年 6 月 23 日，江苏省盐城市阜宁县及其附近地区遭遇龙卷风灾害侵袭，造成阜宁、射阳部分地区损失严重。中国气象局根据改良版藤田级数将其评定为 EF4，其最大风力超过 17 级。

（2）破坏范围广，破坏力大。此次龙卷风灾害伴随高风速、强降雨和冰雹，许多民居和大型工厂建筑出现不同程度的破坏，许多基础设施（电线、电塔、通信设施等）被压弯，导致大面积的停水停电和通信中断。此次龙卷风夹杂着冰雹、雷电，西起阜宁县板湖镇，向东穿越苏北阜宁县南郊地区，在东边射阳县海河镇结束，形成宽度为 1~4.5km，长约 33km 的破坏区。灾害波及 7 个乡镇（板湖镇、郭墅镇、陈良镇、新沟镇、硕集镇、吴滩镇、施庄镇）、22 个村庄，29 371 所房屋、2 所小学、8 所工厂被损毁，5 万余人受到龙卷风直接影响，此次灾害造成直接经济损失约 49.83 亿元，影响范围高达 180 平方公里（李沐寒，2017）。

（3）健康损失较大。该事件造成 99 人死亡，846 人受伤，倒塌房屋 15 650 间，造成的基础设施损失约 3.51 亿元，为 2016 年全球因自然灾害伤亡人数最多的事件（刘南江等，2016）。有学者指出此次龙卷风的人员伤亡事件中儿童、老人和女性比例居多，为龙卷风灾害应对提供政策依据，未来对于这类脆弱人群应该加强灾难应对教育和重点保护（Wang et al.，2017）。

5.8.2 重点干预措施

1. 快速启动应急响应，建立"省-市-县"三级联动救灾机制

灾害发生后的 2h 内，县委、县政府立刻开始部署救灾工作，并第一时间与省、市相关部门取得联系，汇报灾情，实行相关信息快报制，动态情况半小时一报。江苏省盐城市迅速启动自然灾害救助 I 级响应机制，并成立省-市-县三级联动救灾协调机制。交通、电力、卫生、住建、消防、民政等部门各司其职，紧密配合，全力投入抢险救灾中。

龙卷风灾害发生的当天夜里，江苏省消防救援人员、公安民警抵达重灾区乡镇实施救援行动；盐城市卫生计生委在阜宁县人民医院设立省-市-县三级指挥部开展卫生救援；由多个部门组成的专家组也在当天夜里抵达阜宁县，专家组针对阜宁县灾情制定了针对性措施。市公安局进行交通疏导，完成了国道省道的抢通。市建设局排查危房并制定灾后重建方案；市经信委与通信公司一同抢修通信设备，并调派应急通信车。县委组织部、公管办组织党员干部到受灾户家安抚情绪；县委宣传部、疾控中心深入基层，在居委会开展疫情防控、环境卫生消杀、饮食卫生监控、健康教育活动等，确保灾后人民生活，避免次生灾害产生。

2. 建立临时安置点，保障受灾群众基本生活

在转移安置方面，政府坚持"分散安置为主、集中安置为辅"和"集中安置有管理、分散安置有服务"两大原则，对全部集中安置点要求食品安全、医疗卫生服务、环境卫生、治安管理等到位。为了更好对分散安置点的居民进行管理，政府建立了分散安置受灾群众登记制度，发放分散安置救助卡，采取"一对一"的方式来解决受灾群众的困难（戚锡生，2017）。

同时，省民政厅对临时安置点进行区域管理，10 个过渡性临时安置点共建设活动板房 769 套，集中安置 1 662 人，并将安置点划分为起居、饮食、医疗等区域进行管理。

6 月 25 日，财政部、民政部紧急下拨 1 亿元中央自然灾害生活补助资金，主要用于此次灾害受灾群众紧急转移安置、过渡期生活救助、因灾倒损住房恢复重建和向因灾遇难人员家属发放抚慰金，帮助和支持做好受灾群众生活救助工作。民政部向江苏省紧急调拨的 1 000 顶帐篷、2 000 张折叠床、10 套场地照明灯等中央救灾储备物资全部运抵灾区[①]。

3. 政府主导，多方参与

此次龙卷风事件应对遵循"政府主导，多方共同参与"的救灾原则。多元主体主要包括政府、社会组织（爱德基金会等）、社会企业（电信、食品、医药、金融等行业）、村民等。

政府部门统一指挥，部门联动，自上而下进行救援。非政府组织自下而上进行灾后救援，主要表现在社会管理、社会资本、公共服务层面，例如前往安置点发放物资、灾后评估、协调救援机构、分配救援任务等。企业在物资捐赠和救援抢修方面作出了较大贡献。同时，对于村民之间的相互救援也为灾后救援贡献出一份力量。此次龙卷风应急响应体制，如图 5.27 所示。

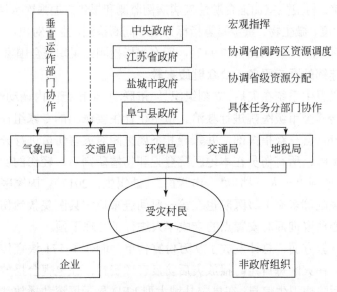

图 5.27　江苏省盐城市阜宁县龙卷分应急响应体制

---

① 财政部、民政部紧急下拨 1 亿元中央救灾资金 支持江苏做好龙卷风冰雹特大灾害受灾群众生活救助工作。
http://www.ndrcc.org.cn/yjgz/10539.jhtml.

4. 开展环境卫生干预，减少蚊媒疾病发病率

龙卷风发生后，盐城市疾控中心反应相对迅速，时任中心主任当天率领包括卫生应急、传染病防制、环境卫生等人员组成的应急小组赶赴救灾现场，指挥灾后防病工作；省-市-县三级连夜制定防疫工作方案，调集传染病防控国家应急队，携带理化检测车、消杀车、发电车等赶赴现场，做好灾后防病防疫工作，保证大灾之后无大疫。

在疾病监测方面，不断细化完善传染病监测、食品和饮用水监测、环境消杀及健康教育等实施方案。建立了灾区 7 个乡镇 21 个村及 9 个安置点全覆盖的传染病应急监测体系，开展发热症候群（发热伴呼吸道症状、发热伴出疹）、腹泻等症候群疾病监测，以及肠道传染病（霍乱等）、自然疫源性疾病、破伤风等其他传染病的监测①。

在消毒杀虫方面，前期，政府平均每天组织工作人员（每日 200 名）对灾区、安置点进行一轮消毒和杀菌，后期，每隔一天消毒一次。截至 2016 年 8 月底，灾区蚊蝇密度得到了较好控制。此外，基层卫生院也部署了 8 人一组的医疗防疫站点，并且准备了发热药品、消炎药品、防暑药品、感冒药品等等。

在食品和水源监测方面，对提供集中供餐的安置点的食品安全开展重点监测，在乡镇卫生院、村卫生室加强食源性疾病病例监测和报告。加强饮水消毒，对游离性余氯、浑浊度、微生物、重金属等指标开展不间断检测，主要对出厂水做全分析，对末梢水作简分析。至 2016 年 7 月底，所有水样检测结果均符合国家卫生标准。

5. 提供连续的医疗服务，公众健康宣教

盐城市级卫生系统在灾后，立刻组织县-市联动，全市范围内调动救护车增援，将危重伤员转移至市级医院进行救治。市卫生计生委派出的专家组在阜宁县人民医院设立省-市-县三级指挥部，并领导其下属医院对灾害伤员进行分类救治。在分类救助伤员时，所有伤员在本地医院登记和伤情研判后，轻伤的实行"一人一护"，重症的做到"一人一档""一伤两护"（戚锡生，2017）。国家医疗救治专家组、省人民医院等多家上级医院也在第一时间赶来阜宁县医院救治伤患。在精神卫生方面，心理咨询师对安置点的未成年人进行了心理干预。

在健康宣教方面，总计发放了 9 万份宣传单，制作了 171 块宣传板和 2 种音频宣传资料。在灾区每日定时播放灾后防疫音频资料；在电视台播放防疫相关视频并插播灾后防病卫生信息；在阜宁县城大型 LED 显示屏滚动播放沙画版防疫相关视频。

---

① 江苏疾控中心：阜宁灾区未发现传染病疫情。http://jiangsu.china.com.cn/html/jsnews/around/6152181_1.html.

5.8.3　干预效果评估

1. 龙卷风预警系统能够传达信息，但有效性不高

目前，龙卷风的预测在世界范围内依旧是个难点，仅有美国和加拿大能够发布龙卷风的预警，且只能提前十几分钟。中国并非龙卷风高发大国，对于龙卷风的防灾减灾重视程度不足，尚未建立单独的完善的龙卷风预警系统。

此次盐城龙卷风中，阜宁县通过极端天气预警和风险沟通系统，通过发送短信为村民传达信息，通过提前预警为灾区群众争取一定的自我防护时间。但是受灾地区多为农村，而留守农村的大多是老人和小孩，该部分脆弱人群一方面手机使用率低，另一方面对于短信的关注度较低，并且实际上很多人并未接收到台风的预警信息，短信的传达率较低（骆丽等，2017）。另外，阜宁县政府在面对此类突发自然灾害事件在风险沟通和应急救援方面专业性仍有一定欠缺，缺乏专业设备和技术手段及时更新气象信息，应急救援队伍也是临时组成的，灾害应对过程中无论是预警还是救援的效率都有待提高（丁泓引，2018）。

2. 传染病防控较好

如图 5.28 所示，在此次龙卷风后，所有法定传染病发病率均没有呈现上升趋势。龙卷风暴发后，未分类肝炎、肺结核、腹泻、手足口病和水痘 5 种传染病发病率减少。腹泻和未分类肝炎的发病率在 6 年内首次呈现下降趋势。龙卷风过后 4 周，腹泻发病率达到最低值，龙卷风过后 12 周，未分类肝炎发病率处于 2016 年的最低值。除肺结核和手足口病以外，传染病发病率与 2015 年同期相比都有所下降。

在灾后传染病防控上，包括肺炎、肺结核、其他腹泻、手足口病、水痘等物种疾病出现下降点。可以看出，政府在灾后传染病防控中处理及时，处置妥当，防止次生灾害的发生。地方卫生部门加强监测食物和水源的病媒监测，从根源解决病源扩散，另外也得益于前期疫苗接种工作的认真落实，据了解，阜宁市儿童免疫接种率达 98%，远高于全国平均水平（90%）。

3. 预警系统信息传达手段单一

此次龙卷风农村为主要受灾区域，居民多为留守老人和妇幼，手机的使用频率较低，对龙卷风灾害的敏感性和防御能力较弱，故此次预警并未能达到预期效果。信息获取的障碍导致他们面对灾害时不能提前做好准备。一方面，农村青壮年外出务工，妇幼、老人留守的空心化、老龄化现象较为普遍，他们的灾害防范意识较弱，信息获取能力和敏感度相对较弱、救灾能力不足；另一方面，农村基础建设相对落后，尤其是通信设施，灾害信息难以在第一时间内得到很好的传播

（骆丽等，2017）。

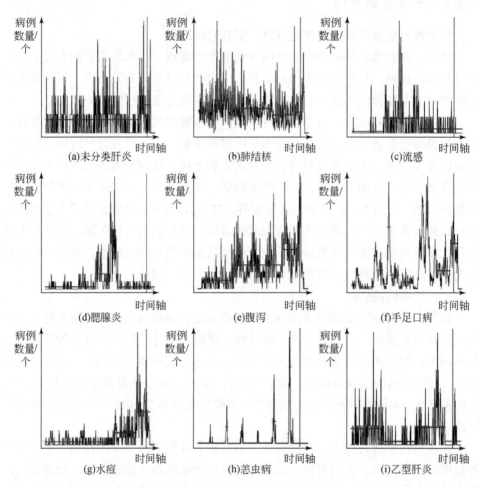

图 5.28　阜宁县 2011 年 1 月～2016 年 9 月法定传染病发病率变化点（后附彩图）

注：蓝线表示龙卷风发生时间：2016 年 6 月 23 日，红线表示发病率突变线。

4.脆弱人群心理健康干预不足

尽管传染病防控做得较好，但对疾病长期趋势监测不足，如非传染性疾病和心理健康等。虽然对未成年进行了心理干预，但其干预效果有限，且干预人群仅局限于未成年。姜慧丽等（2018）在龙卷风发生 18 个月后对青少年心理健康状况进行了调查，其结果显示青少年创伤后应激障碍发生率为 8.2%，与 2010 年汶川地震青少年创伤后应激障碍的发生率相比较低；青少年学习倦怠现象不明显，但高年级同学对学习的倦怠情况较为明显。此次心理干预尚未考虑其他脆弱人群，例如老年人、妇女、社会经济地位低下的人、户外工作者及已有健康问题的人。

图 5.29 所示为 2015～2017 年 6 月 23 日后龙卷风对照区域和暴露区域精神和行为障碍周发病率的折线图（发病率=病例数/暴露区或对照区的基准人口），由于 6 月 23 日～10 月 22 日不足 18 周，故折线图只呈现 6 月 23 日后 17 周的发病率数据。2015 年 6 月 23 日后第一周记为 L1，第二周记为 L2，2016 年 6 月 23 日后第一周记为 M1，第二周记为 M2，2017 年 6 月 23 日后第一周记为 N1，第二周记为 N2，依此类推。通过对比 2015 年、2016 年和 2017 年龙卷风暴露区域和对照区域精神和行为障碍周发病率，可以看出 2016 年龙卷风暴露区域的发病率有明显的峰值，cox 回归结果显示，龙卷风是影响精神和行为障碍发病的独立危险因素。

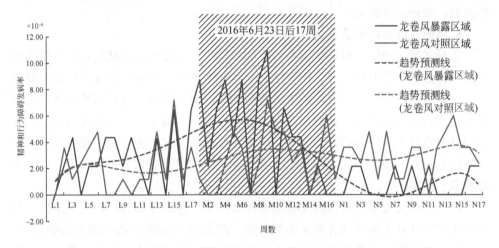

图 5.29 2015～2017 年部分时段精神和行为障碍周发病率折线图（后附彩图）

中山大学阜宁龙卷风课题组通过调研，收集江苏地区精神专科医院门诊和住院数据，进一步分析龙卷风对精神和行为障碍各疾病类型的影响。数据主要来源于江苏省盐城市阜宁县第一人民医院 2015～2017 年入院病案报告，起止时间为 2015 年 1 月～2017 年 10 月。入院病案报告中含有入院患者年龄、性别、婚姻状况、职业、入院时间、现住地址、出院主诊断及其对应 ICD-10 编码[①]等。研究发现，龙卷风暴露区域发病风险以癔症发病风险和急性酒精中毒为主；按人口学特征分，龙卷风能够显著增加所有人群的精神和行为障碍的发病风险，例如，暴露区域＞60 岁年龄组的精神和行为障碍发病风险为对照区域的 4.019 倍，暴露区域≤60 岁年龄组的精神和行为障碍发病风险为对照区域的 2.304 倍。其中，通过横

---

① 国际疾病分类（International Classification of Diseases，ICD），《疾病和有关健康问题的国际统计分类》第 10 次修订本被称为 ICD-10。

向对比，相对脆弱人群是女性、老年人、已婚人群和农民。龙卷风发生后第一个月和第二个月是精神和行为障碍发病的滞后期，灾后第一个月明显滞后性更强，心理支持的最佳干预时间是龙卷风发生后的第一个月和第二个月。

因此，龙卷风灾害对人群心理健康有明显的影响，而各级政府在灾害应急过程中常常把应对重心放在生理健康支持，忽视心理支持的重要性。由于龙卷风的破坏性巨大，可能会给人们带来经济损失，甚至面临重建家园、被迫迁移的危机，严重的精神负担有可能引发心理疾病。在灾害应急关键时期，正确的心理引导和干预发挥着越来越重要的作用，缺乏对心理问题的疏导，在一定程度上不利于应急工作的正常推进。因此各地级政府部门需要关注人群心理健康问题，特别是脆弱人群，维护社会稳定。

5. 脆弱人群防护措施不足

王开文等（2017）对阜宁市疾控中心和阜宁市人民医院在此次灾害中的接诊数据进行分析，结果显示，在年龄层上，75～84 岁人群的死亡和受伤风险是最高的。在性别上，女性的死亡风险比男性高 52%；老年人由于身体机能下降，常常伴有慢性病和行动不便，在躲避龙卷风过程中反应能力下降更容易受伤，因此要加强高龄脆弱人群的防护。而儿童、女性在龙卷风发生时更多位于室内（室内更容易受到伤害），因此要加强女性、儿童等脆弱人群的自我防护知识普及，掌握正确的求生技能。

在阜宁市人民医院接诊的 337 起伤害事件中，轻伤占 81%，而死亡事件大部分发生在室内且大部分死者死于头部外伤。在美国，头盔是预防龙卷风期间保护头部的有效方法，但是从阜宁县龙卷风事件的伤亡结果来看，该方法并未进行大面积推广和教育。此外，如果现场急救医疗服务未能及时送达延误最佳抢救时间将会造成人员伤亡，因此提高急救医疗水平对于减少灾害伤亡事件有重大影响。

5.9　传染病——2014 年广东省登革热疫情

5.9.1　案例背景

由于全球气候变暖，导致蚊媒孳生范围扩大，加之越来越多的高温与降雨天气，导致登革热成为近年来的主要传染病之一。登革热（dengue）是由登革病毒引起的急性蚊媒传染性疾病，主要传播媒介为埃及伊蚊，其次为白纹伊蚊。2012 年被 WHO 列为世界上最严重的蚊媒病毒性疾病，在此前 50 年中，登革热的发病率增加 30 倍，其疫情的发生对卫生健康构成巨大威胁。根据 WHO 在 2014 年发布的登革热报告显示，每年约有 5 000 万到 1 亿的人感染登革热（World Health Organization，2010）。登革热的临床表现包括急起高热、三痛（头痛、眼球后痛、肌肉酸痛）、皮疹、皮下出血等，严重可致死。由于重症登革热的发病机制医学界尚未完全清楚，所以目前还没有特效的抗病毒治疗药物，而气候变化所表现的气候变暖与降水异常等，使得登革热的防控愈发严峻，其对全球人类健康构成巨大威胁。

登革热多发生在全球热带和亚热带气候地带。4 种登革热病毒已经从亚洲传播到美洲、非洲、地中海区域等区域。而且在发展中低水平国家，登革热带来更严重的疾病负担，如在东南亚地区登革热的疾病负担是肝炎的两倍；在拉丁美洲地区登革热所带来的疾病负担与结核病相当。可以说登革热是重要的全球公共卫生问题。

由于全球变暖，有利于蚊虫孳生，且利于蚊虫向寒冷的地区迁移并在气候凉爽的较高纬度地区生存和发展；此外，冬季对这些蚊虫季节性扩散的暂停已经减弱，这意味着蚊虫的活动时间更长；而物流运输、贸易往来、旅游业发展等人口迁移行为更有利于蚊媒扩散；近年来我国广东、福建、浙江等亚热带地区输入性登革热病例不断增加，而由于非流行地区的居民对登革热缺乏免疫基础，容易暴发登革热疫情。

国际上登革热的适应性策略，主要聚焦在蚊虫控制方面、人群健康教育方面、环境卫生干预方面、建立登革热病例信息直报系统、登革热预警系统等，这些适应性措施将有利于登革热媒介控制。WHO 倡导通过病媒生物综合治理实现登革热的基本防控目标，Beatty 等（2010）的研究写道"专家提出了建议，完善登革热检测，以便从现实的登革热监测中尽可能获得最好的数据，例如，有限的资金和工作人员。他们的建议包括每个登革热流行国家都应强制向政府报告登革热病例；应开发和使用电子报告系统等。"

我国华南位于欧亚大陆南端，濒临南海，属热带亚热带气候区，高温高湿的气候条件适合登革热传播媒介繁殖，是登革热流行高风险地区。自 1997 年后，广东省每年都有登革热病例报道。1978～2000 的 22 年间，广东省只有在 1982～1984、1988～1989、1992、1994、1996 年没有登革热病例报道。1978、1980、1981 年每年登革热病例超过 1 万例。而全球气候变化更是加剧了广东省的炎热天气与降雨强度与时长，利于登革热传播媒介伊蚊孳生、发育。另外，广东省是我国对外开放的重要窗口之一，境外登革热流行地区人员的输入加剧了广东省登革热的流行和传播。因此，广东省自 21 世纪以来，登革热暴发更加频繁，波及范围越来越广，病例数上升明显，流行程度更加严重，并且广东省历年来的登革热疫情，几乎都是全国最严重的（图 5.30）（陈溪然等，2015）。自 2014 年开始，截至 2014 年 10 月 21 日零时，广东省共有 20 个地级市报告登革热确诊病例，累计报告病例数达到 38 753 例，较 2013 年同期（1 529 例）上升 2434.53%。其中以广州市的疫情最为严重，截至 2014 年 10 月 21 日零时累计报告病例数为 32 479 例，占全省病例数的 83.81%。

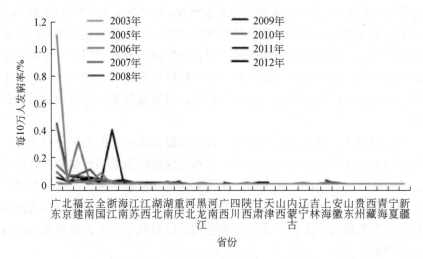

图 5.30　2003～2012 年各省份登革热法定报告发病率

数据来源：《中国卫生和计划生育统计年鉴》，2004 年数据缺失。

2003 年，非典暴发之后，广东省一直作为抗击各类高危传染病，如非典、甲流、禽流感、手足口等的前线与防控主战场。因此，广东省在传染病疾病与防控方面积累了大量的经验与教训，其传染病防控能力在全国名列前茅。本书选择广东省登革热适应策略作为气候变化应对的相关案例，从而可以学习广东地区的经验与教训，有利于工作和卫生部门更加准确全面认识广东登革热的流行特征，促进登革热防控资源的有效合理配置，为该类事件的预警和预防打下坚实基础，对全国乃至国际传染病高危地区，具有一定的借鉴意义。

2014 年广东省登革热疫情特征：

总体来说，此次疫情具有范围广、强度大、出现时间早、发展快、危重病例多等特点[1]。

（1）发病例数多。登革热有周期性暴发流行的特征，2014 年处于流行高峰期。2014 年全年登革热发病 45 190 例，死亡 6 例，创广东省登革热历史之最。

（2）出现时间提前。此次首例本地病例出现在 6 月，较往年提前一个月。

---

① 根据广东省疾控中心调研资料总结。

（3）病例以轻型为主。轻型病例占 99.12%。

（4）范围广、强度大。气候变暖导致蚊媒传播范围扩大致使疫情暴发范围广。从广东各地市的发病率来看，此次登革热，主要集中广州市、佛山市，广东省大部分地区均有发病率。

（5）发展快。9 月中秋节和 10 月国庆假期的到来，使得登革热疫情扩散迅速加速。节后有 20 个地区报告病例，截至 10 月底，累计波及镇、街数量多达 650 个，波及全省 85% 以上的县区（图 5.31）。

（6）邻近国家疫情严重，2014 年输入性病例增多。由于 2014 年广东省和其邻近国家气温较高，邻近国家也存在疫情严重的情况，如马来西亚、菲律宾、新加坡、柬埔寨、老挝、越南等东南亚国家均出现登革热疫情，而广东省作为对外开放的重要窗口，国际交流相对频繁，使得 2014 年输入性病例增多。

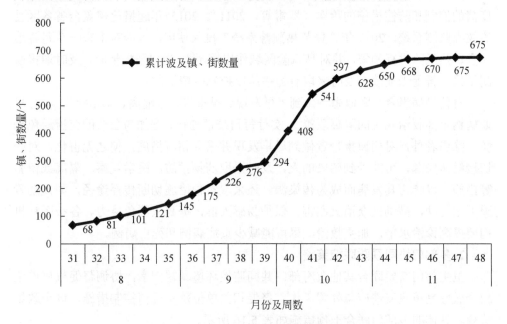

图 5.31　2014 年广东省登革热疫情扩散情况

5.9.2　重点干预措施

根据 2014 年防控工作报告归纳 4 个重点有效干预措施。

1. 媒介监测控制与传染病预警机制

由于登革热病毒的输入性，我国登革热防治总体目标应为及时发现疫情，预防控制病例，避免较大流行（何剑峰，2011）。为了提高病媒生物监测结果报告的及时性和准确性，2006 年初广东省疾病预防控制中心建立了"广东省病媒生物监测网络直报系统"，2007 年开始实现计算机网络化管理，监测范围为全省 21 个市，每市选择 3 个及以上哨点，监测内容包括蚊密度监测、鼠密度监测、蝇密度监测、蟑螂密度监测等 11 大类内容，具有网络直报方式、统一录入格式、统一数据库管理等优点（梁焯南等，2009）。在 2014 年的疫情不稳定时，建立 500 多个蚊虫监测点，每周通报布雷图指数（Breteau Index，BI）未达标的重点区域；同时增加监测网点和频次，对公园、医疗机构等疫情高发区域进行针对性专项监测。在卫生工作方面，各级疾控中心制定疫情应急控制预案以及提升防控能力，开展流调、病例主动监测、确定疫点疫区、应急杀灭成蚊和清除伊蚊孳生地等工作。2015 年印发的《广东省登革热防控专业技术指南》里面详细描述了登革热媒介的监测技术，为蚊媒监测提供可操作指南。在疫情发生时，将疫情向公众及时公布有助于疫情的控制和防控措施的落实（罗雷等，2011）。2015 年起搭建覆盖全省各区县的蚊媒监测系统，2017 年"登革热预警系统"投入使用，其能对未来一个月各地区登革热风险进行预警，并对高风险区域作出警示[①]，当出现疫情时，及时通报监测结果，督促当地政府及时采取有力措施以控制疫情扩散。

对传染病患者、疑似患者做到"早发现、早报告、早隔离、早治疗"，实行早期病例全部收治入院的隔离政策[②]。实行每日疫情通报，增加与公众的交流避免恐慌。除患者外，对病原携带者做到尽早发现并采取相应措施，使之无害化。对密切接触传染源，可能受到感染的人，及时采取药物预防，医学观察，隔离或留验等措施，以防止其发病而成为传染源。还采取多种措施切断传播途径，如发动爱国卫生运动，鼓励民众消灭四害；保护易感人群，提高人群免疫力。各级医疗机构要提高诊治水平，加强救治，尽可能减少重症病例和死亡病例。

2. 多部门协同联防联控策略

卫生部门需要联合其他政府部门共同监控环境暴露因素，协调督促权属单位配合做好登革热疫情应急处置工作，督促相关单位落实疫情控制措施，健全政策法规。具体的多部门联合干预措施如表 5.16 所示。

在多级分工的防控组织体系之下，广东省登革热问题除了涉及政府卫生行政部门下属疾病预防控制机构外，还需要城管（爱卫办）、住建、林业、水务、旅游等多个部门协调合作，加大了政策落实难度（罗雷等，2011）。另外，在 2014 年登革热防控工作中，由于没有完全发挥居委会等基层部门的作用，指挥的多、干

---

① 广东登革热预警系统将在本月投入使用 系统覆盖全省每个县区，可实现 24 小时监测。https://www.sohu.com/ a/148109432_806977.

② 整理自：广东省登革热疫情防控与启示。

活的少，动嘴的多、动手的少，甚至一些居委会、单位不配合灭蚊，阻扰对登革热的控制，使得防治措施落实不到位（黄清臻等，2015）。

表 5.16　多部门联合干预措施①

环境因素	相关部门	干预措施
环境卫生	城管部门（爱卫办）	加强监督执法；落实环境卫生日常管理工作，督促指导属地部门和相关单位按照环卫作业规范和病媒防制要求，做好公共区域的清扫保洁工作；组织开展环境卫生整治行动指导配合各街（镇）加强城中村及城乡接合部的垃圾收集、运输、清除卫生死角
住房建筑	住建部门	协调督促工地对登革热防控工作的落实；监督物业管理公司认真履行物业服务合同，确保小区环境整洁
园林	林业部门	负责督导落实区属公园、风景区、城市道路绿化带的病媒生物防制措施和灭蚊周记制度；督导区属公园、风景区开展登革热防控知识宣传
水安全	水务部门	督促属地排水管理部门做好防蚊灭蚊工作、加强公共排水管道清疏工作，保障排水通畅，严防蚊虫孳生；负责用水设施的监督管理工作
人口流动	旅游部门与出入境检疫部门	负责督导旅行社做好出国旅游团队人员登革热防控知识的宣传教育；督促旅游星级饭店、旅行社、A 级旅游景区按要求开展爱国卫生运动，落实病媒生物控制措施；密切做好与区卫生计生部门的检疫信息沟通

3. 建立常态化群防群控机制

广东省登革热防控所采取的组织体系是多部门协调以及"多级分工"（罗雷等，2011），按照"部门联动，条块结合"的应急工作指导方针，在省委、省政府的领导下，需要横向的跨部门之间的协调合作以及纵向的分级负责和属地管理②。《广州市从化区登革热疫情应急预案》明确提出：政府主导，部门协调；实行"四方责任"（包括属地责任、部门责任、单位责任、个人责任），全民参与行动的工作原则。

从领导机制来看，强化组织领导，落实联防联控，发动统一行动。省政府牵头成立疫情控制领导小组部署防控措施，多次到现场进行督导检查和明察暗访评估，对重点地区进行灭蚊工作监测、监督和通报。广东省政府每五天左右开展全体会议，高度重视疫情防控情况。2014 年 9 月 3 日，全省登革热防控工作会；9 月 9 日举行全省登革热电视电话会议；9 月 23 日，时任省委书记胡春华专门就登革热防控召开会议等。

群防群控机制多数在疫情发生之后才启动的，此类临时性工作机制建设相对不够严谨和完善，因此，广东省疾控中心于 2015 年 8 月选定佛山禅城区为"登革热防治示范区试点"，建立常态化的群防群控机制——按照"政府主导、部门合作、

① 整理自：《广州市登革热防控工作方案》与《广州市从化区登革热疫情应急预案（2018 年版）》。
② 整理自：《广东省突发事件总体应急预案》和《印发广东省突发事件应急预案管理办法的通知》。

单位实施、全民参与"的方针部署工作①，通过加强常态化领导小组在政府部门的纵深结构建设，明确各部门的任务和工作，有利于促进跨部门的合作分工，有利于监督各项防控工作的落实（陈凤灵等，2017）。该试点常态化的群防群控机制，改善原防控体系中村居委会等基层部门职能未发挥、防控措施监督不到位等问题（陈凤灵等，2017；陈斌等，2016；黄清臻等，2015）。

4. 提升卫生人员认知与公众健康教育

我国媒介传染病的控制主要从传染源、传播途径和脆弱人群三个环节进行干预（何剑峰，2011）。在卫生工作者的能力建设方面，增强传染源排查能力，加强对卫生工作者（医生、护士等）的登革热诊疗技术及防控知识培训，实现早发现、早报告、早隔离、早治疗（孟凤霞等，2015）。因为医务人员，尤其是社区门诊往往是最早发现登革热病例的，提高医务人员甄别登革热患者的能力，有利于从源头控制疫情暴发。同时开展针对卫生机构管理层及专业技术人员的登革热防控技术培训。

在加强与公众沟通方面，广东省疾病预防控制中心开展多种形式的公众健康教育，包括制作登革热防控视频、发放张贴灭蚊宣传海报、电视广播采访、义诊等。通过一系列教育工作的开展，提高公众的登革热防控意识和就医意识，自觉参与防蚊灭蚊，另外坚持创新宣传，充分利用互联网和新媒体（微信、微博等），广泛开展健康宣教，不断推动登革热防控的纵深发展②。青少年作为易感人群，广东省将传染病防治作为学校教育的一部分，通过多媒体教学等形式增强学生的防控意识。

5.9.3 干预效果评估

1. 登革热每日新发病例数控制效果显著

根据赵卫等提出的《广州市登革热防治策略》进行总结，登革热每日新发病例数与布雷图指数（伊蚊密度指标）成正相关关系；气候因素与布雷图指数存在相关关系，气温越高、降水量越大则布雷图指数越高。在没有治疗登革热特效药的情况下，媒介控制是预防登革热的关键（孟凤霞等，2015）。通过图5.32可以看出，相比2013年，2014年广东省平均气温更高，有更大可能暴发严重的登革热。然而由于采取了上述蚊媒监测控制等切实有效的措施（图5.33），从蚊媒检测结果分析，采取干预措施后，全省重点区域布雷图指数小于5的街道比例由20%升到75%。有效切断了传播媒介，使登革热蔓延情况迅速得到控制（图5.34），通过强化防控措施，特别是加强灭成蚊和清理蚊虫滋生地后2周，病例数开始下降，

① 整理自：在全省重点地区登革热防控工作研讨会上的讲话。
② 整理自：在全省重点地区登革热防控工作研讨会上的讲话。

4 周后快速下降到较低水平；且对比 2013 年流行特点，2014 年国庆后的 2～4 周没有出现流行峰。

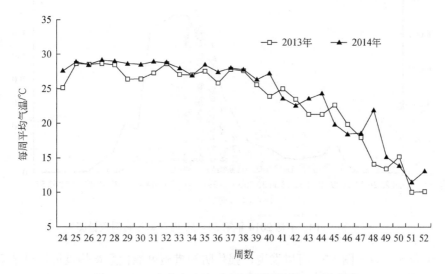

图 5.32　2013 年与 2014 年夏季周平均气温对比图[①]

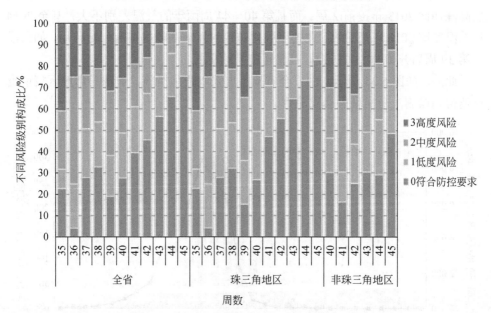

图 5.33　第 35～45 周布雷指数比例变化图（全省、珠三角地区、非珠三角地区）（后附彩图）

[①] 图片来源：广东省登革热疫情防控与启示。

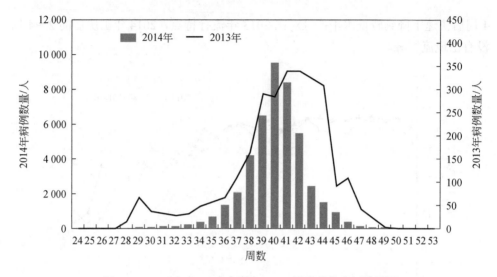

图 5.34　2013 年与 2014 年第 24～53 周登革热病例数量图

结合图 5.32～图 5.34 可以发现，强化防控措施可能使登革热疫情提早结束。将 2014 年的发病与天气与同样有暴发疫情的 2013 年相比，发现 2014 年登革热发病高峰期比 2013 年提前 2 周；而且第 40～44 周两年的气温差别不大，甚至 2014年的温度比 2013 年还更高。此提示强化防控对发病高峰提前有一定作用，如果没有第 39 周后开始的大力防控，疫情可能持续更长。

此外，如图 5.35 所示，由于全省范围内采取强化措施，非珠三角地区疫情也迅速得到遏制，未出现大暴发流行。

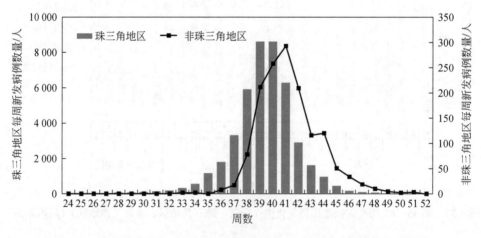

图 5.35　珠三角地区与非珠三角地区每周新发病例数量随时间变化对比图

　　从全省登革热地区分布看,非珠三角地区的最高发病期比珠三角地区晚一周。中秋节(第 37 周)及国庆节(第 40 周)人口流动较大,病例在全省迅速扩散,由珠三角地区带到非珠三角各个地区,在当地产生的二代病例;但是,非珠三角地区出现二代病例后,疫情迅速得到遏制,未出现病例快速上升时期,病例下降速度也很快。提示防控措施对防止登革热播散流行的作用。

　　表 5.17 是横向对比中国与周边国家的登革热疫情,在 2014 年前,广州市登革热的发病率较低。

表 5.17　中国与周边国家 2011～2014 年登革热疫情比较

国家或地区	2011 年发病数量/人(年发病率/%)	2012 年发病数量/人(年发病率/%)	2013 年发病数量/人(年发病率/%)	2014 年发病数量/人(年发病率/%)
马来西亚	18 245 (33)	20 923 (35)	39 222 (83)	103 610 (199)
菲律宾	110 257 (591)	170 693 (861)	166 107 (528)	90 503 (342)
新加坡	5 138 (–)	4 426 (0)	21 410 (0)	17 992 (4)
柬埔寨	15 736 (72)	40 164 (–)	16 772 (53)	3 543 (21)
老挝	3 775 (7)	9 639 (19)	44 098 (95)	1 695 (0)
越南	56 541 (50)	79 485 (62)	60 588 (38)	31 848 (20)
中国	120 (0)	575 (0)	4 663 (0)	46 864 (6)
中国广州	54 (0)	168 (0)	1 265 (0)	38 177 (5)

注:“–”处数据缺失。

2. 多地疫情防控效果较好,但存在拖尾现象

　　如图 5.36 所示,对 2014 年广州市 4 个暴发点的蚊媒密度与疫情发生的动态变化提示了,每个登革热疫情暴发点,紧急灭杀成蚊、配以孳生地的全面清理和处置,将蚊媒密度控制在一个安全范围内,疫情会得到有效的控制。

　　切断传播途径是防止登革热疫情扩散蔓延的关键,全面彻底清除蚊媒孳生地是登革热防控工作的根本措施。在成蚊密度较高或有疫情发生的地区,紧急开展灭杀成蚊措施,及时降低蚊媒密度能够有效降低虫媒传染病传播风险。2014 年 10 月以后,广州市 3 000 个监测点的监测数据显示,当成蚊密度降至 2 只/h 后,疫情呈现快速下降趋势;然而在 11 月中下旬全市成蚊密度进一步降低和疫情已基本平息的情况下，个别成蚊密度高于 2 的地区，疫情仍然处于延绵不断散发状态，造成全市长达 30d 拖尾现象。

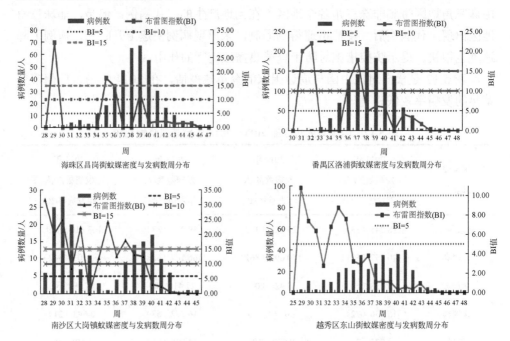

图 5.36　广州 4 个暴发点病例数量和蚊媒密度与发病数周分布关系图（后附彩图）

3. 针对脆弱人群干预不足

广州市在 2014 年登革热防治工作中缺乏对脆弱人群的关注。国家卫计委 2014 年发布的《登革热诊疗指南（2014 年第 2 版）》提到"登革热的高危人群包括老人或婴幼儿、孕妇、二次感染者，肥胖或严重营养不良者，以及伴有糖尿病、高血压、冠心病、肝硬化、消化性溃疡、哮喘、慢阻肺、慢性肾功能不全等基础疾病者。"由于往年长期的登革热流行低水平，使得群众防病意识不强，加之初期感染病例以轻症较多，未能引起足够的重视，即使感染也错当普通感冒，不到医院就诊，脆弱人群暴露在有害环境中的可能更大，传染源流动性大，很快散布整个区域。广东省疾病预防控制中心总结评估此次登革热流行的主要原因，除了气候条件、国外输入和疾病周期等客观原因外，还包括群众防控意识薄弱，就诊不及时；日常防控干预措施落实不到位，预防效果不理想等干预措施的不足。

5.10 空气污染——2013～2017年京津冀地区雾霾

5.10.1 案例背景

空气污染，又称为大气污染，按照国际标准化组织（ISO）的定义，由于人类活动或者自然过程中，某些物质进入大气，呈现出足够浓度，导致对农业生产、公共安全和人体健康等产生危害。换言之，只要是某一种物质其存在的量、性质及时间足够对人类或其他生物、财物产生影响者，我们就可以称其为空气污染物；而其存在造成的现象，就是空气污染。然而，我们经常听到的"雾霾"属于严重空气污染的一种，是雾和霾的组合词，雾霾常见于城市。中国不少地区将雾并入霾，一起作为灾害性天气现象进行预警预报，统称为"雾霾天气"。雾霾是特定气候条件与人类活动相互作用的结果。高密度人口的经济及社会活动必然会排放大量细颗粒物（$PM_{2.5}$），一旦排放超过大气循环能力和承载度，细颗粒物浓度将持续积聚，此时如果受静稳天气等影响，极易出现大范围的雾霾。

从第一次工业革命之后，大量的化石燃料燃烧使得大量的气、固态污染物进入大气，空气污染问题也渐渐进入人们的视野。大气污染源就是大气污染物的来源，主要有以下几个：①工业污染。工业生产排放到大气中的污染物种类繁多，有烟尘、硫的氧化物、氮的氧化物、有机化合物、卤化物、碳化合物等，其中部分是烟尘，部分是气体。②生活炉灶与采暖锅炉。煤炭在燃烧过程中要释放大量的灰尘、二氧化硫、一氧化碳、等有害物质污染大气。③交通运输。当代的主要运输工具，特别是城市中的汽车，量大而集中，尾气所排放的污染物会直接侵袭人的呼吸器官，对城市的空气污染很严重。汽车排放的废气主要有一氧化碳、二氧化硫、氮氧化物和碳氢化合物等，前三种物质危害性很大。④森林火灾产生的烟雾，被证实对健康也有极大危害。

中国近几十年高速发展，取得了可喜的成绩，但严重的空气污染也随之而来。当前中国大气污染状况十分严重。主要表现为煤烟型污染。城市大气环境中总悬浮颗粒物浓度普遍超标，二氧化硫污染一直在较高水平。机动车尾气污染物排放总量迅速增加，氮氧化物污染呈加重趋势。根据环境保护部2010年的监测数据显示，我国超过17%的监测城市$PM_{2.5}$和PM_{10}污染物排放超标（中华人民共和国环境保护部，2011）。

2016年世界银行与卫生计量和评价研究所研究发现，暴露于空气污染中是全球范围内引起过早死亡的第四大原因。环境空气中的污染物（$PM_{2.5}$、PM_{10}、SO_2、

NO_2、O_3 等）可能会引起人类急慢性健康损害，例如，诱发心脑血管、呼吸系统以及癌症等疾病；沙尘暴可能会增加哮喘的患病风险；过度吸入空气污染物会增加孕妇早产、妊娠期糖尿病、子痫的患病风险。

空气污染和全球变暖具有互相促进的作用。各种大气污染物质，尤其二氧化碳对于引发气候变化的"温室效应"具有重大的作用，但全球变暖反过来又加重了空气污染对人们健康的负面影响；气候变暖会加重空气污染的水平，全球气候变暖会加速空气污染物污染物的挥发，同时气候变暖引起森林火灾的燃烧产物会加重空气污染，但高温天气会影响污染物的扩散加重呼吸道疾病。

国际上常常采用的适应性策略包括制定空气管制条例、健康教育、对空气污染采取适当的防护措施、空气质量监测预警、运用室内清风系统、除空气净化器等（World Health Organization，2013）。

在全球变暖的背景下，中国中东部 2013 年平均重污染天数明显增加，京津冀地区是我国大气污染最严重的区域之一。根据 2017 年第 34 届中国气象学会年会相关研究，京津冀地区的空气污染表现出复合性的特征，主要的空气污染物是由气溶胶引起的高浓度的霾（张小玲等，2017）。

京津冀地区的空气污染与该地区的经济发展模式有较大的关系。多年实际观测和数值模拟研究表明，各地 $PM_{2.5}$ 污染相互影响，但京津冀三地自身排放量大是最主要的因素，对 $PM_{2.5}$ 污染的贡献约为 70%。京津冀区域的产业以火电、钢铁和建材为主且沿太行山布局，能源结构以煤为主，交通运输以公路为主，污染物排放强度仍处于高位。研究表明，京津冀区域总面积虽然只占全国的 2%，但 2014 年常住人口占全国的 8%，煤炭消费占全国的 9.2%，单位面积二氧化硫、氮氧化物和烟粉尘排放量分别是全国平均水平的 3 倍、4 倍和 5 倍。研究结果也表明，京津冀主要城市在冬季采暖期间的一次 $PM_{2.5}$ 增加 50%左右。冬季污染物排放强度大，是导致京津冀区域重污染天气高发的根本原因。[1]

京津冀地区空气污染较为严重，且国家出台了多项措施进行干预。故选择京津冀地区空气污染适应性策略作为典型案例进行分析，其经验有利于长三角、珠三角等区域借鉴。

2013～2017 年京津冀地区雾霾特征：

（1）影响范围大，时间长。2013 年 1 月北京市经历了自 1954 年以来最严重雾霾的大气污染侵扰，共出现 4 次严重雾霾天气过程，持续时间长达 5 天。

---

[1] 京津冀大气污染防治专家组细解污染成因 排放强度大是重污染高发根本原因。http://www.mee.gov.cn/xxgk/hjyw/201612/t20161222_369411.shtml.

（2）污染指数高，呈现复合污染形势。环保数据分析结果显示北京 $PM_{2.5}$ 污染指数高达 755，相关的环保部门根据近日生态环境部公布的数据，北京市西城区大气污染严重等级指数一直在稳步向上攀登，污染严重的地区空气状况一度已经达到"六级"，属于"严重污染"的预警级别；大雾从"蓝色"预警逐渐从"红色"升级为"黄色"。2015 年 1 月更是在发布了第一次北京大雾"红色"预警。$PM_{2.5}$ 为主要污染物，PM_{10}、SO_2、CO 等污染物同时存在。

（3）空气污染在多城市间传输。在污染过程的不同阶段，由于受气象条件输送的影响，各城市间的影响和污染贡献率发生较大的变化。污染开始阶段北京城区、天津、河北东部城市受北京污染排放源的影响较重；中期发展阶段，受偏南气流影响，河北南部对北京和河北北部城市的 $PM_{2.5}$ 贡献率增加；后期阶段，北京城区、天津及河北南部城市 $PM_{2.5}$ 贡献率略有增加（张小玲等，2017）。

5.10.2 重点干预措施

1. 制定雾霾应急预案，并积极发布预警

在北京市的雾霾天气应急处理预案上，北京市以《北京市突发公共事件总体应急预案（2010 年修订）》制度，作为主要的应急处理预案的制度，在针对严重的雾霾天气问题上发布了《北京市空气重污染应急预案》。2013 开始根据预案实行，2015 年进行预案印发，2016 年和 2017 年针对预案进行再次的修订及时地进行北京市空气质量的监测与重污染预报。自 2014 年以来，共分 5 次修订了重污染应急管理相关预案，并将其也纳入全市应急体系。由空气重污染应急指挥部承担空气污染应对工作的总指挥。北京市在重污染天气应急响应方面，建立了三级预案体系，把每一个应急响应措施分解、细化，落实到基层。

另外，北京市建立与气象、环保部门的联合进行监测会商和重污染预报的机制，每天对北京市空气质量监测情况进行重污染预报，环保部门和监测气象预报机构及时发布北京市空气质量监测状况和重污染预测结果等信息，方便广大市民的知晓。表 5.18 所列是根据空气质量指数及空气污染持续天数，对空气污染进行的等级划分及分级预警的主要标准。

对于预警信息的发布，监测中心将空气质量预报和预警建议报送给应急指挥部，如果预警级别未达到红色预警，则可由应急指挥部向公众发布预警信息。若预警信息达到红色预警，应急指挥部则将向市应急办报送，由市应急办发布红色预警（王占山等，2016），同时向公众发布健康防护信息。预警信息至少提前 24h 通过全媒体信息平台进行发布，包括电台广播、新闻媒体、报纸书刊、短信、微博、微信等传统媒体和新媒体平台。

表 5.18　预警分级标准

预警级别	条件
蓝色预警	预测全市空气质量指数日均值（24h 均值，下同）>200 将持续 1d（24h），且未达到高级别预警条件时
黄色预警	预测全市空气质量指数日均值>200 将持续 2d（48h）及以上，且未达到高级别预警条件时
橙色预警	预测全市空气质量指数日均值>200 将持续 3d（72h）及以上，且预测日均值>300，且未达到高级别预警条件时
红色预警	预测全市空气质量指数日均值>200 将持续 4d（96h）及以上，且预测日均值>300 将持续 2d（48h）及以上时；或预测全市空气质量指数日均值达到 500 时

图 5.37 显示历年来我国京津冀地区雾霾天气的预警次数。可以看出，2014～2017 年京津冀地区雾霾天气的预警次数频繁，2017 年预警次数大幅度下降。

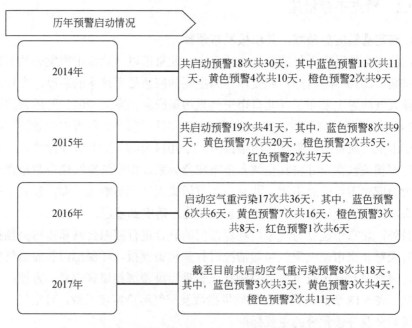

图 5.37　京津冀地区 2014～2017 年雾霾预警启动情况

2. 积极开展健康教育，对脆弱人群进行保护

在对北京市昌平区，展开了雾霾健康的调查和教育工作，根据调查的结果，宣传个人预防措施是雾霾健康教育的核心。主要为以下 6 条：①雾霾期间及时关窗可以减少室内做饭的油烟和吸烟。②雾霾逐渐散去后一定要及时关门开窗保持

通风，及时清洁室内灰尘。③天气逐渐好转要及时开窗保持通风。④建议在雾霾
期间尽量减少外出的时间和参加体育课等活动。⑤合理地安排使用口罩，雾霾污
染天气口罩在室内或者有严重的空气污染时可以短期佩戴，但不能长期同时佩戴。
⑥雾霾严重污染天气期间，儿童、老人和其他可能有严重的基础心血管疾病的患
者等特殊人群佩戴口罩时应多加特别注意，要尽量避开人多、空气不正常流通的
特殊公共场所；不得随意强迫或要求任何单位或个人擅自佩戴各种雾霾污染天气
口罩。

北京市搭建了电视、报纸、广播、微博、微信等全媒体信息传播平台，发布
环保新闻信息，并建立了 38 个公众环境教育基地、设立北京环保公益大使、组织
青少年开展环保主题艺术节，从而提高民众的自我防范意识，增加公众对于空气
污染的知识掌握和健康适应能力（生态环境部，2019）。表 5.19 也列出了 2013～
2014 年，传统媒体关于雾霾防范的相关健康教育与信息发布。

表 5.19　不同平台的宣传教育

媒介	宣传方式
电视台	2014 年昌平电视台《百姓话题》中举办"健康昌平""应对雾霾天气""关注冬日雾霾"节目
报纸	《昌平报》刊登《教您几招应对雾霾》
手机	昌平区疾病预防控制中心官方微信中发布《呼吸保卫战役—教您几招防雾霾》《关注 PM$_{2.5}$ 危害，科学应对雾霾》《喜庆过节，守卫蓝天》等防雾霾微信；昌平区疾病中心健康教育官方微博宣传《恍然大"雾"，直面阴"霾"》《呼吸保卫战役——教您几招防雾霾》
其他媒介	设计、印发《科学应对雾霾》宣传折页及《远离雾霾从我做起》宣传画等

在针对特殊人群心理危机干预方面，北京市政府专门设立了昌平区心理和危
机研究与干预中心官方网站，并向社会公众开放和公布了在国内医疗机构网站上
设立的昌平区心理和疾病干预问题咨询热线，24 小时对脆弱和特殊人群患者提供
咨询和服务。

另外，针对脆弱人群，在京津冀应急执法联动预案中强调，如发布京津冀红
色预警时，进行室外应急执法的工作人员要佩戴口罩；儿童、老人和其他有慢性
呼吸道系统疾病的患者应该停留在室内；对中小学采取停课；医疗机构人员应开
展健康卫生疾病防护知识咨询等。

在职业健康风险防范方面，北京市卫健委通过组织召开了医用器械疾病的预
防与控制风险评估工作领导会议，推进了医用器械职业健康的评估监测，其范围
共覆盖了北京市 16 个区。北京市气象研究所还购买了大量的专用设备，用于雾霾
污染天气对职业病健康风险的评估进行相关技术研究。

3. 联合周边城市建立联防联动机制

北京同周边地区建立了"京津冀环境执法联动工作机制"，联合进行空气监测并综合发布预警信息，主要包括以下内容：①北京市环境保护局、天津市环境保护局和河北省环境保护厅协商联合气象部门进行京津冀地区空气监测；形成京津冀三地的空气质量监测网，进行统一的监测，通过对 $PM_{2.5}$ 等 6 项大气污染物监测数据进行识别和监测；②雾霾预警和建议数据的识别和对比；发现三地的监测点按照地区分别设置对雾霾的预警识别阈值，达到雾霾预警识别阈值，系统管理委员会给全国各城市监测站、省站和大气污染总站监测点发送数据，并对雾霾监测数据和建议进行分析和对比；③雾霾的应急影响决策和建议等信息的发布，全国各主要城市的监测站和全国各省市监测站的队伍对雾霾监测数据和建议进行了整理和对比分析后，将雾霾的监测数据和应急决策建议直接地上传到行政辖区环保部门同级的应急决策机构，由辖区同级的决策机构作出在行政辖区发布或不同时段发布的空气污染影响预警和建议等信息的应急决定。

在工作机制中，明确了在大气污染防控中的主体部门和组织体系。2013 年，由北京市牵头成立了京津冀大气污染防治协作小组。2018 年，升级为京津冀大气污染领导小组，推动区域大气污染治理。

图 5.38 三角形的机制关系，展示了京津冀地区重污染天气预警联防联控机制的顶层设计。

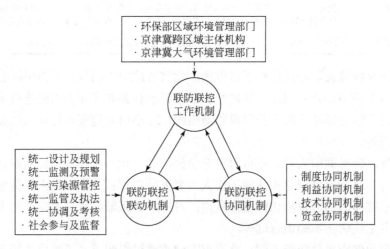

图 5.38　京津冀地区重污染天气预警联防联控机制

京津冀区域联防联控联动机制中，明确了合作机制，制定了具有可操作性的预案，并在规划设计、监测预警、污染源头管控、监督执法、考核、社会激励制度等方面达成了统一。在京津冀联防联控机制下，建立了大气污染信息共享平台，实现了空气质量、重污染物（例如 $PM_{2.5}$）排放等信息实时共享。另外，建成重污染会商平台，保障了在遇到重污染天气或重大活动时，能够每日开展实时异地联合视频会商，京津冀地区采取一致的应急措施。同时，设定了一致的空气重污染预警阈值和程序（生态环境部，2019）。

协同机制则包含了制度、利益、技术、资金等保障的一整套体系，达到从本质上协同大气环境管理不同的相关利益主体（李云燕等，2018）。

4. 制定空气管制条例，通过"正面激励，反向督导，公众参与"实现有效减排

在识别京津冀地区主要的空气污染物来源之后，京津冀地区通过采取统一的空气管制条例来进行有效的减排措施，从根源上有效降低空气污染的主要污染物来源，主要包括以下三个方面（生态环境部，2019）。

（1）调整能源结构。推行"煤改电、气"政策，包括开展燃煤锅炉治理、散煤治理、夜间时段用电优惠等。

（2）优化产业结构。北京市修订并发布了相关环境准入文件，严格了准入标准；同时，关停了部分污染企业、对"散乱污"企业分类处置并进行环保改造，并对企业核发排污许可证等。

（3）机动车排污管控。实行环保标志管理，淘汰黄标、老旧车辆，推行新能源车辆并提升油品质量，同时，推行汽车号牌摇号和单双号限行政策等。

北京市通过实施"正面激励"多种措施有效实施空气污染减排政策，包括财政投资鼓励、保持高压执法、公众监督等。自 2013 年起，北京市共投入财政资金约 860 亿元，用于煤改电、新能源车辆补贴、企业技术改造等 40 余项治污工程补贴。2017 年，中央对全国政府分配了总额为 160 亿元的大气污染防治专项基金，其中京津冀地区资金总额占全国总额的 57.14%。从 2018 年起，以法定幅度上限对大气污染物征收环保税。这些减排措施，有效地减少了空气污染物的来源。

同时，采用"反向督导，公众参与"促进公众参与等多项措施，例如，开通了"12369"环保举报热线，鼓励民众行使监督权，举报破坏环境行为。另外，北京市加强了对"散乱污"企业等的执法力度，设立了市、区两级执法队伍，对违法行为进行查处。加强了对重型柴油车等移动源的管理和出发力度并实施专项执法。2017 年，北京组建了环保警察队伍，提高环境执法威慑力（生态环境部，2019）。

在重污染天气发生时，严格落实应急预案，加强执法力度，及时启动机动车限行、工地洒水停工、工业企业停产、道路保洁等措施（生态环境部，2019），达到"削峰减排"的作用。

5.10.3 干预效果评估

1. 污染物全面下降，空气质量改善

通过应急预案的制定和实施，重污染信息的发布和预警，北京市的空气质量在 2013 年后得到有效的改善。京津冀及周边地区 13 个主要城市经过三年的时间，污染物全面的下降、空气质量明显的改善。如图 5.39 所示，京津冀三地 $PM_{2.5}$ 平均浓度均呈下降趋势，三地 2017 年的 $PM_{2.5}$ 浓度均低于 $75\mu g/m^3$。

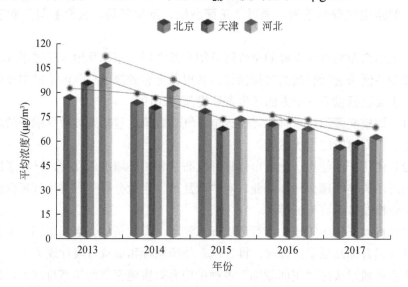

图 5.39　2013～2017 年京津冀 $PM_{2.5}$ 平均浓度变化情况（后附彩图）

据生态环境部 2016 年空气质量报告显示，京津冀区域 $PM_{2.5}$ 浓度为 $71\mu g/m^3$，同比下降 7.8%，与 2013 年相比下降 33.0%。2017 年，京津冀三地空气质量优良天数在 200d 以上，重、严重污染天数均在 30d 以下。2013～2017 年间，重、严重污染天数河北下降 63.75%，北京下降 60.34%，天津下降 53.06%；优良天数河北增幅 56.59%，天津增幅 44.14%，北京优良天数增长 28.41%。可见，自 2013 年开始的"蓝天保卫战"取得良好成效。[①]

2. 人群健康效应显著提升，经济健康损失减少

李惠娟等（2020）统计 2015～2018 年，京津冀及周边城市的健康效应、区域中超标城市数量及超标城市的 $PM_{2.5}$ 平均值如表 5.20 所示，各类指标保持逐年下降趋势。如表所示，早逝人数从 2015 年的 14.83 万人减少至 2018 年的 8.01 万人，

① [国策说]京津冀治霾五年效果到底咋样？我们用数据精准评估。https://www.sohu.com/a/226837647_565998.

健康终点发生率从 6.28%下降至 3.27%。京津冀及周边城市 2018 年比 2015 年的健康经济损失减少 1 744.35 亿元，占 GDP 的比例减少 1.90%，人均健康经济损失减少 925.14 元（表 5.21）。以上研究结果表明，京津冀及周边城市空气污染治理的环境健康效益总体显著。

表 5.20　2015～2018 年京津冀及周边城市的健康效应

| 年份 | 超标城市数量/个 | 超标城市 PM$_{2.5}$ 浓度/(μg/m³) | 早逝人数/万人 | 患病人数/万人 | | | | | | 健康终点/万人 | 健康终点发生率/% |
				呼吸疾病	心血管疾病	内科	儿科	急性支气管炎	慢性支气管炎		
2015	28	84	14.83	10.66	8.8	628.82	278.51	204.98	44.73	1 191.32	6.28
2016	28	77	13.37	9.14	7.52	540.56	278.51	179.85	39.58	1 037.81	5.43
2017	28	68	12.42	7.26	5.97	447.29	247.8	146.92	32.6	855.24	4.45
2018	28	60	8.01	5.33	4.37	324.29	147.27	108.85	24.44	622.55	3.27

表 5.21　2015～2018 年京津冀及周边城市的健康经济损失

年份	健康经济损失/亿元	经济损失占 GDP 比例/%	人均健康经济损失/元
2015	4 796.74	4.23	2 528.63
2016	4 550.61	3.79	2 381.90
2017	4 073.09	3.22	2 121.36
2018	3 052.39	2.33	1 603.49

如图 5.40 所示，随着北京市政府加大治理雾霾污染力度，2015～2016 年大气污染对居民健康的损害出现好转局面，健康损失以平均 8.83%的速度逐年下降，整体来看，2016 年大气污染健康损失为 2009 年的 1.1 倍，这表明尽管 2016 年以来北京市大气质量得到显著改善，但空气污染情况仍较为突出（陈素梅，2018）。

为了评估政策对人群健康的影响，杨静等（2019）使用双重差分和工具变量方法，选择京津冀地区 16 个区作为政策干预组，而河南省和辽宁省的 38 个区作为对照组，对 2013～2017 年的人群死亡率做分析图 5.41，研究表明，实施了空气污染治理政策的区域每月平均年龄标化非意外总死亡率总体下降，与对照组相比下降了 8.26%，心脑呼吸系统疾病死亡率与对照组相比下降了 0.92%，其他疾病死亡率无明显变化。并且研究支持 PM$_{2.5}$ 下降对心脑呼吸疾病患者有显著的因果关系，对于 0～14 岁人群和 65 岁以上人群的死亡率的影响存在差异。

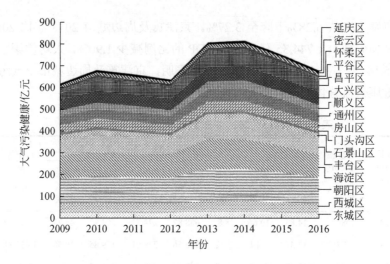

图 5.40　2009～2016 年北京市各区大气污染健康损失经济评估

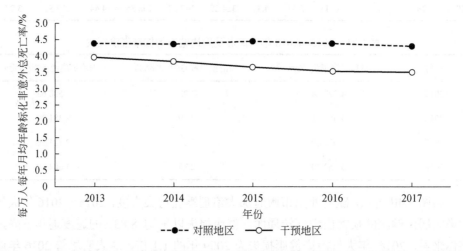

图 5.41　2013～2017 年干预地区和对照地区每万人每年月均年龄标化非意外总死亡率变化趋势

3. 区域间联合执法力度存在一定不足

京津冀三地的城市雾霾天气应急预警和其他的经济检查管理措施，由各市雾霾天气的应急指挥部统一组织领导，指挥部由市政府办公室具体执法部门负责组织和落实，环保部门配合地方政府不定期或定期开展联合经济检查执法（陈素梅，2018）。这种检查管理模式看起来存在一定的弊端，不仅可能会使得预警和经济检查应急的成本进一步提高，还容易造成"监守自盗"，使得经济检查管理措施不到位，权利的交叉和分散。例如，地方交通运输部门和地方公安机关及交通运输管理部门之间没有权利的交叉，在京津冀雾霾天气预警和应急执法上容易因此造成互相推脱；京津冀三地应急指挥部的成员较多，各自负责进行共同指责管辖范围内的雾霾天气应急管理措施的落实和监督检查，权利交叉和分散，使京津冀三地联合执法的力度明显不足，不利于做好落实京津冀雾霾天气预警和相关应急管理措施的联合执法工作。

虽然京津冀三地都加强了对天气污染和雾霾的应急执法会商和天气雾霾联合的执法，但是从根本上说，京津冀三地政府还是各自行动、"各自为政"。这表现在京津冀三地在落实京津冀雾霾天气预警和应急的制度时，主要是依靠京津冀三地党委和政府各自制定和出台的应急预案，而缺乏统一的行政法律和预案作为依据联合立法，来实现联合执法和实现一致应急行动的目标。

另外，区域间存在思想上不统一，由于京津冀三地文化区域政治经济的社会发展不平衡，北京市仍然是目前我国的社会经济政治文化区域政治和社会经济文化中心，产业结构合理，有了一定的经济实力，对雾霾治理有强烈的需求。天津市一直向着加快发展绿色节约型可再生清洁能源的战略方向快速健康发展，有一定的政治经济社会实力，并能够定期进行重工业和预防雾霾的及时预警和各种大气污染物的应急。由于目前河北省相对落后，以及要促进河北省重工业的加快发展和以利用能源为主，在加快发展和有效治理河北省重工业和预防雾霾上有些矛盾。因此，区域间存在行动不统一。京津冀三地根据各自的经济利益、公共利益和社会利益等进行雾霾治理，常常造成自身矛盾，即使联合执法也只是精神联合，使得治理效果下降。

京津冀三地环境保护执法信息化工作联动机制的建立，有利于京津冀三地执法部门相互配合、协调、共同地落实对雾霾的预警和大气污染应急，但是这种联动机制只有用于雾霾的防治和监测、协商、预警、应急等的短期防控上。从长远看，并不能对于恶劣的空气质量和长期持续性雾霾的污染发挥长效根本的控制和改善。京津冀三地执法部门联合治雾霾工作的执法基础薄弱，归根结底还是因为京津冀三地的区域实体经济的结构和发展不平衡，产业结构和水平的差距大。目前北京市及天津市的第三产业的发展规模占区域实体经济的比例较大，河北省仍以第二产业的发展模式为主。京津冀三地经济协同发展环境治理水平的差异也导致了环境治理执法水平的不一，执法的力度也得不到基本同步。在京津冀三地环境治理也存在各自为政的情况，影响了执法的工作效率和执法准确性。

4. 健康教育效果仍存在差距

政府意识到健康教育的重要性，并积极实施了相关健康教育的宣传活动，但是教育和健康宣传的结合力度远远不够。北京市政府宣传健康教育力度存在不足，健康教育的活动主要局限在某个直辖市的县、区、学校、企业的分公司或者中央电视台，但是在节目中，缺乏对于雾霾健康知识的全面普及，部分人群对空气污染的健康危害认识较低。有学者对北京公园晨练的人群对于 PM$_{2.5}$ 的认知程度进行调查，发现人群对 PM$_{2.5}$ 的认知率均不高，并且在知晓 PM$_{2.5}$ 对人体健康的情况下，采取自我防护措施（戴口罩、推迟锻炼时间等）的比例依然不高，存在知行不合一的情况（黄永等，2014）。

雾霾知识的宣传不到位，体现在以下几方面：①宣传的内容不一致，北京市政府在对社会公众和媒体进行对雾霾的知识宣传时，没有明确进行统一宣传的内容指南，导致政府机构、学者、网站等对于雾霾的知识宣传出现了理解标准不一的情况。②宣传的知识缺乏健康针对性，北京市政府对于宣传雾霾的知识没有充分考虑到宣传对象的政治文化知识水平、年龄等各个方面的差异，会对雾霾与健康相关知识的具体理解出现不到位的现象。③雾霾知识教育不足，例如，中小学的教师缺乏环境知识教育专门的教学课程和基础教育课本；中小学的教师往往缺乏对相关中小学环境教育的知识和培训；教育部突击检查只对一个班进行课堂观摩，或对校园环境进行一次大改善，但检查结束，环境教育就结束了；只是形式上的教育，缺乏对儿童空气污染与健康适应的深度学习。④对雾霾天气与其他极端气候事件（如热浪）的交互作用，缺乏必备的知识和健康宣教工作；对于相关政府人员，也缺乏相关的知识培训。

第六章 案例比较分析与政策建议

6.1 案例比较分析

6.1.1 案例比较与总结

通过案例分析，我们对 10 个案例的重点有效干预措施进行了总结。从气候变化健康适应框架中的六大支柱（六要素）出发，阐释了不同部门在 10 种不同极端气候事件的应对中，应该从领导与组织、人力、信息、技术、服务和资金 6 个方面开展重点干预措施，具体干预措施的分类，详见表 6.1。

在此基础上，本章将从各个案例干预措施的完善程度、健康干预效果进行讨论，并总结 10 个案例在气候变化应对策略方面的成功与不足之处。

安徽省是洪水高发地区，其在应对洪水事件有较丰富的经验，从气候变化健康适应性的六要素来看，安徽省有相对全面的干预措施，无论是领导能力、建设预警信息提前发布、大范围转移疏散安置、联防联动措施、环境卫生服务及初级卫生保健服务等多方面都具备有效的措施。安徽省通过执行中国疾病预防控制中心制定的《自然灾害卫生应急工作指南（2010 版）》中卫生应急工作的标准，为洪水安置点提供了洁净的饮用水、安全的食品、洁净的环境和消杀灭、初级卫生保健及持续性医疗服务。值得注意的是，常态化的应急演练与洪水相关健康知识的普及，对于提高公众的健康预防意识有较好的干预效果，为洪灾的有序应对建立群众基础。通过干预效果评估可知，安徽省应对 2016 年洪涝事件中总体效果良好。应急响应能力逐年提高，提前疏散转移到有规划、有组织的安置点，有利于受灾群众的健康稳定和灾后恢复工作。但是，案例中洪灾后在心理干预方面尚未得到足够重视，具有改进空间。

在北京强降雨事件中，北京气象台发布预警较为及时，建立了部门联防联控机制。北京市细化了暴雨预警指标，从暴雨前的 3h、6h、12h 时段雨量指标增加为 1h、3h、6h 和 12h 的降雨量预测，使得预警更加精确。此外，北京市政府在灾后提供基础医疗卫生服务和卫生保健，并建立了灾后防疫联防联控机制，为灾后

表 6.1 基于气候变化健康适应框架六要素的 10 个案例比较分析

案例	领导与组织	人员	信息	技术	服务	资金
2016年安徽省淮河流域洪水	多部门建立准管理系统；建立防洪救灾指挥部；建立灾害防疫工作的群防群控机制	洪水救援人员；长期宣传教育、培训演练	建立早期洪水预警系统；国家救灾防病报告管理信息系统	建立防百年洪涝灾害标准的大坝；洪水风险图编制、规划泄洪区	设立安置点；进行环境卫生干预；提供基本医疗服务与初级卫生保健	转移安置资金；洪灾社会保障资金
2012年"7·21"北京市特大暴雨	应急指挥部指导、群防群控制度；建立防疫工作的群防群控机制	加强卫生人员培训	强降雨监测预警系统；进行传染病监测	城市雨洪控制与利用技术体系；完善城市道路设计	环境卫生监测；提供基础医疗和卫生服务（包括心理干预）	自然灾害生活救助资金
2016年武汉市内涝	协调多部门的风险管理系统	进行公众健康教育	提前进行气象预警	建立海绵城市	保障受灾群众安置、转移安置受灾群众，灾后传染病防控落实到社区	城市排洪设施专项资金
2010年云南省特大干旱	云南县级天气预报综合信息集成分析系统；进行产业调整	进行抗旱防病知识培训	地面-高空-空间立体气象监测网络；肠道传染病疫情分析制度	远程调配水源；作物抗旱节肥技术；地下水开发技术	进行环境卫生监测；做好传染病监测工作；提供基础医疗卫生服务；提供抗旱服务（供水、农业等）	省、市、县政府抗旱资金；多方筹资
2013年上海市高温热浪	建立多灾种信息整合应急机制	多部门协同开展健康宣教活动	建立热浪与健康监测预警系统	安装制冷设备	开展慢性病的初级卫生保健；急性心脑血管疾病的医疗服务	热浪预警系统建设专项资金

续表

案例	领导与组织	人员	信息	技术	服务	资金
2008年南方地区特大寒潮	部门联动应急响应,成立省级应急管理专家组	进行寒潮相关知识培训;进行寒潮健康教育	多种渠道发布预警信息和气象服务信息	建立"寒冷灾害抵御中心"	增派应急气象服务车辆;监测基础设施完善程度;抢修电网、交通运输网与保证煤炭供应;做好滞留人员安置工作	加强公共场所的基础供暖设施;寒潮社会保障资金
2018年广东省台风"山竹"	中华人民共和国应急管理部指挥,应急救援结合;联动,重点部门全社会防灾减灾联动机制	日常防灾减灾健康宣教	建立台风路径预报模式;发布台风停工停产预警信息	加强基础设施抗台风等级	设台风洪灾避难所;进行环境卫生干预	自然灾害生活救助资金
2016年江苏省盐城市阜宁县龙卷风	建立"省-市-县"三级联动救援机制	进行灾后健康宣教	发布龙卷风预警信息	加强基础设施抗龙卷风等级;购置龙卷风防护设备	设安置点;提供连续医疗;提供初级卫生保健;进行环境卫生干预	中央自然灾害生活补助资金
2014年广东省登革热疫情	建立常态化群防群控机制;多部门防控联控策略	加强卫生人员培训;公众健康教育	实行传染病预警机制	采用灭蚊灯、网等灭蚊虫技术	加强媒介监测控制;提供基础医疗服务	登革热防控专项资金
2013年以来京津冀地区雾霾	建立"京津冀"区域联防联控机制;成立环保稽查队伍;制定排放管制条例	监察人员培训;公众防雾霾健康教育;长期稳定健康监测培训	建立重污染天气预警系统;建立空气污染监测系统;建立空气污染相关疾病监测系统	推行新能源车辆;产业升级、关闭重污染工厂	增收污染税;通过正面激励和反向督导方式促进减排;提供心理咨询服务	空气治理专项资金

的卫生防疫提供了制度保障。但是，案例中针对暴洪的健康危害及防范策略的健康教育略显不足，公众对于暴洪的风险意识与防范措施认知相对不足，政府相关部门针对大型暴洪的快速道路通行与封闭，以及人员救援机制略显滞后。

武汉市在应对内涝的过程中，基本上采取了常规的防控工作流程，因此，对灾后的传染病防控工作较好，工作具体落实到各个社区。但是，从中长期来看，如何通过城市设计与规划，例如，建设"海绵城市"有效减少城市内涝的发生；通过公众教育普及，加强人群灾难素养与防范知识等，仍值得加强。案例中政府部门对于内涝及时地启动应急响应，快速地灾难救援，以及群众转移安置工作，仍需要进一步加强。

云南省作为干旱多发地区，利用地面-高空-空间立体监测网络收集旱情信息，及时组建抗旱工作小组深入分析旱情，助力相关政策发布。通过每日降雨、蒸发量、气温、土壤墒情等对干旱情况进行监测，为人工降雨提供了有力支撑。另外，云南"县级天气预报综合信息集成分析系统"，能快速地对各级发布的气象信息进行整合，发布当日决策建议，提升政府决策效率。因此，云南省能够较全面地对干旱情况进行精细化的监测评估，并通过较好的覆盖城乡的预警发布途径，及时进行全面的旱情预警。同时，政府指挥，企事业单位、社会组织等多主体辅助参与的应急体制，能更好地利用各方资源，通过远程调水、开采地下水、临时关闭耗水作业、种植抗旱作物等多种方式进行抗旱工作。但是，政府更多的关注点在于旱情对于当地经济发展、作物收成、饮用水保障等方面的影响，而对于干旱可能造成脆弱人群健康方面的关注和干预策略，仍显欠缺和不足。

相对于洪涝和干旱灾害，热浪和寒潮等温度的预警和应对，在气象预报上可以做到更加的精准和提前。上海市高温热浪在信息收集方面比较好，有多部门的信息整合机制，也建立了体系化的高温预警系统，同时在脆弱性与适应能力评估方面也具有创新性。另外，上海市的热浪与健康监测预警系统根据自身所处地理位置和经济社会状况，选取适当的 4 个气象指标作为热浪与健康监测预警系统的监测信息，为后期健康干预工作的进行提供数据支撑。热浪与健康监测预警系统为应对热浪提供了信息支持；多灾种信息整合应急机制是应对热浪的体制保障；开展健康宣教活动为应对热浪提供了群众基础。上海市建立的多灾种信息整合平台能够较为全面收集灾害信息，便于政府部门之间、政府与企事业单位、社会组织之间的信息交流，全面了解灾害情况，避免信息传达的不全面、不及时现象。从干预效果来看，自 2003 年热浪与健康监测预警系统建立以来，上海也不断通过资源倾斜，制定法规等方式完善高温热浪的健康应对体系，在应对高温热浪的能力总体上呈上升趋势。但是，从 2013 年高温热浪事件的应对来看，在健康应对方面仍存在不成熟的特征，例如，缺少必要的公共高温避暑场所等基础建设的开放，在天气相关的预警方面缺乏针对脆弱人群的健康、医疗，以及初级卫生保健服务信息的提供等。

2008年南方地区特大寒潮应对中，广东省权威预警信息发布迅速、到位，政府各部门联防联控，落实"保电力、保交通、保民生"政策。重视对关键部位的监测，并制作定时精细预报，避免了重大社会事件的发生。同时，广东省关注脆弱人群的紧急防冻应对措施，对贫困户、流浪人员等及时提供保护和收容政策。但是，在寒潮应对过程中，针对春运高峰期间，对旅客的信息传导、风险沟通及预警发布仍存在不足；并且公众对于寒潮危害的认知不足等原因，导致火车站出现了一定数量的旅客滞留情况。因此，在寒潮的公众健康教育方面，应该加强公众对于寒潮危害的普适性认知。

广东省是台风高发地区，在应对台风"山竹"期间，政府通过建立较为完善的台风路径预报系统，能准确对台风强度、路径、次生灾害等进行预测，在台风来临之前可以及时发布预警信息，为台风的公众避难和应急救援争取了较为充分的时间。另外，广东省各地在预警发布后，快速作出应急响应，转移民众至避难所、对基础设施进行加固，这些措施有效减少了台风造成的生命财产损失。台风"山竹"是我国应急管理部成立后遇到的第一个重大自然灾害，通过应急管理部指导，重点部门联动，形成应急救援"一盘棋"组织指挥机制，为抵御台风灾害提供了有效的制度保障。同时，广东省对于台风的防灾减灾健康教育较为普及和充分，也使得民众防灾意识较强，奠定了良好的防灾减灾民众基础，这也是此次台风虽然风力巨大，但是造成的生命损失极低的原因之一。但是，在此次应对中，新成立的应急管理部门与医疗卫生部门主要依靠省政府进行紧急协调，常态化的联动机制仍略显不足；对于台风造成的中长期健康危害，如心理健康问题的关注度极低。

相对于台风来说，龙卷风的预警难度大，提前预警时间非常短暂，因此应对难度也明显更大。江苏省盐城市阜宁县龙卷风案例是近年来龙卷风案例中的一个典型，由于江苏省政府分别对集中安置点和分散安置点制定了不同的管理措施，从而保障了安置点的环境卫生、生活资源、医疗服务的连续供给，为灾后恢复和重建提供了有力的保障。但是，存在受灾群众的防灾意识薄弱的情况。一方面，受灾群众多为留守农村的老人、妇女、儿童，存在"信息洼地"现象，不能快速及时地接收到龙卷风预警信息；另一方面，公众的防灾意识薄弱，常态化的防灾减灾健康教育缺失，防护设备不足，导致在龙卷风来临时，重灾区如阜宁县一些居民缺乏必要的防护措施（如头盔）、有效的防护和避难方式，造成了一定数量的人员伤亡。

这也体现出我国农村的应急响应能力建设相对薄弱。此外，对于龙卷风造成的精神健康损害，关注仍较为薄弱，没有明确的策略进行脆弱人群的心理干预。

相对于极端气候事件，一些传染病也与气候变化密切相关，相关传染病的预测与预警主要是通过医院传染病健康直报系统，上报疾病预防与控制中心收集信息，进而对高危传染病进行预警。因此，相对于天气预报和预警而言，传染病的预测与预警存在信息略微滞后的情况。广东省登革热疫情防控监测时，使用范围广的布雷指数作为监测数据来源，使全省的疫情进展更直观。总体来看，广东省的登革热疫情防控工作较为到位，以广东省在应对 2014 年登革热疫情的表现为例，在整体防控的过程中，虽然也呈现出"早期预警不足"的特征，但是通过"中期强力控制，后期有效遏制"和疫情出现后的应急管理和干预措施，在大规模灭蚊运动切断传染媒介，相关病例管理等对遏制疫情发展有重要的控制作用。从六要素来看，广东省的干预措施，在灭蚊技术与脆弱人群的健康干预策略上，仍显薄弱；部分群众由于对登革热危害认识不足，对于灭蚊行动拒绝配合，社区群防群控能力不足。而在各项措施执行阶段，缺少必要的监控手段和监控指标进行措施有效性的评估。在多部门联防联控的执行方面，也还有许多可以继续改进的地方，如气象部门、环境部门、疾控中心与医疗卫生部门的联动机制和联合执行机制，需要继续加强。

环境污染与气候变化存在一定的交互作用。我国自 2013 年以来，"京津冀"地区出现的雾霾现象严重。由于空气污染，存在地域上的外部性，以及健康方面负面影响的外部效应，因此政府通过建立"京津冀"区域空气污染联防联控机制，制定了一系列的减排和适应策略，利用"正面激励、反向督导，公众参与"等多种手段来减少污染物的排放，减少雾霾的发生，改善空气质量，同时促进居民健康水平。联防联控机制在一定程度上，解决了空气治理地区碎片化和部门利益割裂的问题。另外，京津冀地区的重空气污染监测选择对健康影响最大的 $PM_{2.5}$ 作为监测指标，为预警提供数据支撑，并对空气相关疾病进行监测。通过空气质量监测、空气污染相关疾病监测、重污染天气预警系统等多个系统的运行，为预警发布、空气污染政策制定等提供了科学的决策依据。但是，对于空气污染的联防联控机制，在政策执行方面仍然存在地域上的差异性；对于雾霾天气与其他极端气候事件，如与热浪的交互作用，缺乏响应的联合预警机制，也缺乏针对脆弱人群的健康宣教工作。

纵观这 10 个典型气候事件的应对案例，不同政府部门在应对单一的气候事件过程中，联防联控机制仍显薄弱，尤其是对于多种类复合的极端气候事件及其可能引起的连锁危机的关注度不足。多重复合灾害风险对我国的应急体制机制建设提出更高的要求。我国现阶段的应急机制存在城市间和部门间协同合作不足、社会动员机制匮乏、灾害期间负面情绪快速发散等引起社会不平稳等问题。考虑到气候变化的不可逆性，不断建设完善常态化应对机制，将自然灾害应对融入综合性的日常工作中，不断改进联防联控机制显得尤为重要。例如，对于洪水、热浪、传染病等多灾种复合产生的灾难，不论是联合预警机制、信息共享、多策略联合执行、健康干预措施等，都需要应急管理部门、气象部门、救援部门、医疗部门、公共卫生部门、环境部门、食品安全监测部门等多部门的有效配合和联防联控，才能最大限度发挥其整体的力量整合效果（钟爽等，2020）。如何减少应急制度的顶层设计与应对行动的基层执行之间的差距，从而发挥联防联控机制的最大效用方面，未来仍需努力。尽管气候变化的健康应对已成为当务之急，但我国仍存在许多方面的制约因素，包括未来健康风险的不确定性，高昂的经费与资源投入，社会动员机制，以及公众的认知水平等（钟爽等，2019）。

医疗卫生、医护人员作为前线的重要队伍，其关于气候变化相关风险的教育与培训还有很大的提高空间。提高其风险感知、行为应对和干预知识等从而最大程度发挥重要引领作用有待解决。目前对于卫生部门医疗人员应对气候变化的干预工作尚在起步阶段，对于应对气候变化健康风险的专业人员干预效果评估比较缺乏，因此，从实践层面改进卫生人员工作缺乏科学的、可行的方案设计。医疗卫生、医护人员在应对气候变化健康风险的研究中，存在一定局限性。一方面，医疗卫生、医护人员应对气候变化健康风险的作用已经引起学者的注意，目前的研究内容更多的是描述性，如对医疗卫生、医护人员认知、行为等进行描述性评估，而缺乏具体的、有参考价值的对策性研究；另一方面，关于医疗卫生、医护人员的研究几乎是选取某几个省级或市级，未能覆盖基层机构，缺乏完善的理论框架指引，缺乏风险认知科学测量的工具（杨廉平等，2020）。

此外，在信息和技术方面，总体而言，除了龙卷风事件监测预警机制和技术手段不足外，其余典型案例都有较为完善的监测预警体系和评估指标架构。有效的监测预警和评估指标体系，均有利于健康干预措施的开展；适当的监测与评估指标为各项工作的进行提供反馈，了解当前应对工作效果与不足，从而及时对相关措施进行调整。同时，监测与评估指标需要结合实际地区进行调整，以便契合当地气候条件。

10个案例均在健康应对方面存在一定的不足，可以发现目前各类极端气候事件更多关注的是生命的直接损失（死亡、伤残等），对传染病防控也较为重视；而对于极端气候事件可能引发或加重的各类慢性病、突发心脑血管疾病、心理健康问题，以及老年人、儿童、孕产妇、户外工作者等脆弱人群的健康促进和健康干预问题，关注较少。

6.1.2 经验与障碍

1. 成功经验总结

除了多个案例因地区、气候、经济社会差异表现出的不同干预措施，案例的成功经验中还存在着以下共性。

1) 应急组织体系的逐步完善

自 2003 年的非典疫情后，我国的应急组织体系不断完善，从最初的《突发公共卫生事件应急条例》开始注意到应急的重要性，到十六届三中全会第一次提及"建立健全各种预警和应急机制，提高政府应对突发公共事件和风险的能力"，将应急能力建设纳入到体制改革规划中。此后数年，我国政府从各类突发公共事件应对的实践中不断改进和完善应急组织体系。2018 年改变原来的"单灾型"分部门处置灾害架构，调整为能应对多灾种和复合型灾害的全能应急架构。在工作内容上，重点涵盖政府、政策保障、财力保障、人事保障、医疗保障 5 类主要部门，以及除教育、贸易以外的 11 类其他相关部门，由设立应急协调机构调动和协调各方力量。此外，职责明确是各方任务目标得以达成的重要基础，清晰可操作的职能界定能有效规范各方行动，促进各项应对行动的高效落实。在工作方式上，建立统一领导、综合协调、分级负责、属地管理的应急管理体制，除了原有的国家-省-市-县垂直管理体系，应急状态下，对于超出地方能力范围的灾害，下派国家或省级的救援力量予以援助，如在安徽省洪水中，中央政府派出专家向当地应急管理人员提供专业建议。在物资保障体系方面，重点关注灾民的基本生活保障，加强人员、设备、物资等跨地区、跨部门的协调工作。在 2008 年的南方地区特大寒潮中，滞留人员的基本生活需求大部分得到满足，保证基本生命安全。在救援体系上，致力于构建反应灵敏、协调有序、运转高效的应急救援管理体系，以政府为主导，社会为辅的社会参与机制，调动各类专业救援队伍加入，各类基金会或慈善机构向当地提供资金和物资援助以弥补实际工作中的不足。

2) 全方位、全周期的常态化应急响应能力是应对突发事件的基础

应急响应是灾害危机应对的重要环节，需要做到"快、准、稳"，才能根据灾害风险状况、致灾后果作出科学有效决策，在面对危机事件时有序应对，才能较大程度降低灾害损失。应急响应保障机制是在突发事件发生时，为了确保应急响应机制的有效运转，减少社会损失，充分调动应急响应的人力、物力等资源，高效应对突发事件而建立的保障机制。应急响应保障机制在建立和完善应急响应机制中起到基础性作用，是顺利开展应急响应的重要保证。定位准确并能满足实际

功能需要的应急响应保障机制，既是应急管理响应机制的重要组成部分，又将对高效处置突发灾害事件提供有力支撑。例如，广东省台风案例中，台风登陆前，建立台风路径预报工作，并根据实际情况及时调整停工停产时间，做好台风物资储备工作；在台风退去后，及时加固基础设施，做好疾病监测和环境干预工作。安徽省洪水案例中，防汛知识培训和汛期抢险演练日趋常态化，洪灾发生前进行高风险地区受灾群众的转移安置工作；洪灾中投入大量人力物力到抢险救灾中；洪灾后通过建设和维护固定的洪涝安置点，来保证群众基本生活需求。南方地区特大寒潮案例中，从全国各地调动防寒物资、生活物资保证基本需求，做好交通通信、水电网络的维护工作，建立寒冷灾害抵御中心及时跟进救援动态。

3）联防联控机制和群防群控机制的加强，有利于灾害的应对

自非典疫情后，我国应急管理体系建设越来越被重视，危机应对工作逐渐融入各地方政府、各部门的日程中。总体上，我国的应急动员体系呈现"上下分治，中央治官，地方治民"的布局（孔凡义等，2020）。除了常态化的中央决策统筹与科层信息传导相结合，在面对突发危机事件的时候中央会组建临时指挥小组，使得政令上下畅通，各部门根据各地区的应急预案开展相应的应对行动和协调工作，实现联防联控。于社会动员而言，通过基层自治机构（社区管理委员会、村委会、居委会等）保证各项工作落实到个人；同时非政府组织、企事业单位也提供一定的帮助；而基层党组织和党员发挥先锋作用和担任政府和社会的纽带畅通两者之间的应急信息，实现群防群控。在应对北京市暴洪案例中，市应急指挥部统一指挥部署，武警北京总队、企事业单位、市相关部门协同响应，事后市政办根据灾情制定的卫生防疫工作意见对灾后恢复行动有具体的指导。在广东省应对登革热疫情案例中，佛山市首先进行"群防群控机制"试点工作，加强常态化领导小组在政府部门的纵深结构建设。在上海高温热浪应对案例中，除了传统的科层动员外，基于社区安全规划和城市网格化管理建立的预警发布系统实现相对高效的信息传递，依靠居委会、村委会等基层自治组织使得应急工作能点对点落实到基层社区。在江苏省的龙卷风案例中，政府部门统一指挥部门联动，自上而下开展救援工作；非政府组织作为社会动员重要基础参与基层救援工作，企事业单位提供大量的物资和资金为救援工作提供后勤保障。

4）公众的风险感知能力和有针对性的灾害应对教育有利于促进人群健康

灾害应对教育是危机预防的重点工作之一，通过社会宣传、学校教育、家庭教育等方式，进行相关防灾减灾知识的传授，有利于提高公众的自我防护能力，增强灾害应对知识。根据地区脆弱性差异，有针对性地进行高发自然灾害相关知识的科普，有利于提高当地群众的风险感知，对自然灾害的发生保持高度警惕，

做好自身的健康防护，在一定程度上降低自然灾害的伤亡事件的发生。在 10 个案例中可以看出，灾害应对教育和宣传一直都是各地区应对行动中不可或缺的一项。如在各类洪涝事件中（安徽省洪水、北京市暴洪、武汉市内涝），公众健康教育贯穿危机管理的全过程，包括事前的预防性知识科普、事中的群众自我防护知识教育、事后的二次伤害规避和心理干预等，一系列的灾害应对教育工作在一定程度上保护群众的生命安全。在干旱、高温热浪、寒潮等相对长期的灾害事件中，持续的灾害应对教育输出有利于提高公众的自我防护意识。此外，重点关注易感人群和脆弱人群，通过在社区或村居卫生中心建立健康档案、加派人员进行家访等方式，实现该类人群的健康追踪。在台风、龙卷风等高强度即时性灾害事件中，自我防护知识科普十分重要，无论是广东省还是江苏省均采用多渠道进行相关知识的宣传，包括新媒体的微博、微信公众号等，传统媒体的电视、广播、短信通知等，同时也通过线下的 LED 屏幕投放、宣传手册发放等方式，保证受灾害影响地区居民均能对风险有较高的感知度，掌握相关的自我保护知识，从而降低危机带来的伤害和损失。

5）气象预警系统的完善为危机应对提供信息支持

监测预警系统的建立为应对热浪提供了信息支持，多部门合作、多机构联动为应对热浪提供了体制前提，积极的宣传教育为应对热浪提供了群众基础。自 2003 年起上海使用热浪与健康监测预警系统，一方面向民众发布预警信息，另一方面为政府决策提供数据支持。并且随着技术不断进步，预警的准确程度也在不断提升，帮助人群在复杂情况下开展正确的行动。多部门合作、多机构联动体制，从横向和纵向上全方位助力预警、宣教、应急指挥等工作开展。全面的宣传教育则在加强民众热浪应对意识的同时，关注了脆弱地区和脆弱人群，提高其适应能力，减缓了热浪带来的影响。在台风"山竹"来临前几日，政府就根据气象、水利、民政等多部门的监测系统数据，及时识别此次台风的危害性，通过传统媒体和新媒体等一系列方式，及时发布一级预警信息到每个住户和家庭。同时，省气象局、国家海洋局南海分局、省水文局加密滚动预报，及时更新台风路径及受灾情况。台风"山竹"来袭过程中，相关部门做到了及时预警，提前宣传应急、避难和自救知识，极大程度上降低此次台风灾害对民众生命健康的影响。另外，京津冀空气污染案例中，监测中心将空气质量预报和预警建议报送给应急指挥部，如果预警级别达到红色预警，市应急办发布红色预警，同时向公众发布健康防护信息。预警信息至少提前 24h 通过全媒体信息平台进行发布。同时，京津冀地区采取一致的应急措施，设定了一致的空气重污染预警阈值和程序，在一定程度上实现了京津冀地区针对空气污染的区域联合预警。

6）有效的监测与评估指标有利于健康干预工作的顺利进行

适当的监测与评估指标为各项工作的进行提供反馈，也可以用来了解当前应对工作的成效与不足，及时发现问题进行改善。另外，监测与评估指标需要结合实际地区进行调整，以便契合当地气候条件。中国疾病预防控制中心制定的《自然灾害卫生应急工作指南（2010版）》，提出自然灾害发生后卫生应急工作的具体内容，安徽省基于此为洪水安置点制定了相应的卫生状况评估指标体系。广东省登革热疫情防控监测时，使用范围广的布雷指数作为监测数据来源，使全省的疫情进展更直观。而上海市的热浪与健康监测预警系统，根据自身所处地理位置和经济社会状况，选取适当的4个气象指标作为热浪与健康监测预警系统的监测信息，为后期健康干预工作的进行提供数据支撑。

7）评估效果较好的地区前期已开展健康适应力建设，或具备一定健康适应力

在健康适应策略开始之前，需要对其进行设计和不断的修改。更重要的是要结合当地实际，制定适当的干预措施，这些健康适应措施可能和当地的灾害应急政策、环境保护政策、公共卫生政策等相融合，将气候政策融入其他相关政策中。例如，2016年安徽省洪水发生之前，安徽省政府就已经依托当地学校规划了地势较高、生活条件较为充足的转移安置点，并对安置点提前进行规划和维护，从而利于洪涝灾害预警时提前进行大量人群有计划的转移安置。安徽省在应对洪水带来的相关健康风险具有丰富的经验，根据每年的工作效果，不断更新该省的洪灾应急预案。而常态化的防汛演练和经常性的防汛抢险培训，提高了卫生工作人员及决策者对气候与卫生健康的认识、知识和应对能力。广东省作为登革热疫情高发地区，根据每年传染病疫情防控情况，不断调整下一年的工作计划。2015年根据2014年的疫情防控情况修订了《广东省登革热防控专业技术指南（2015年版）》；2015年广东省在佛山市开展"常态化群防群控机制"试点工作，为后续的在全省推广提供经验。京津冀地区空气污染案例中，北京市以《北京市突发公共事件总体应急预案》制度，作为主要的应急处理预案的制度。在针对严重的雾霾天气问题上发布了《北京市空气重污染应急预案（试行）》，2013开始根据预案实行，自2014年以来，共分5次修订了该预案，并将其也纳入全市应急体系。在工作机制中，明确大气污染防控的主体部门和组织体系。2013年北京牵头成立了京津冀大气污染防治协作小组。2018年升级为京津冀大气污染领导小组，推动区域大气污染治理。

8）传染病防控关注度高，消杀灭措施到位

2020年全国两会关于实施健康中国行动的热点中，"防控传染病等重大疾病"

位居前三。古语有云："大灾之后必有大疫"，可见防止疫情暴发等次生灾害的发生一直都是我国政府应对自然灾害危机的重点工作。传染病疫情成为灾后恢复的关注重点，这是由于地区受到灾害冲击打破原有的生产生活系统，如果医疗卫生条件不佳，人员伤亡等原因可能会使得灾区居民感染概率上升，并且大量人口流动容易造成多地区交叉感染。因此，灾后除了重视灾后家园重建、人员救治等恢复工作外，传染病疫情防控都是各类灾害事件后期的重点工作。在实践层面上，我国对于消杀工作都有具体的、可操作的、指标化的工作指南，比如国家层面的《自然灾害卫生应急工作指南》和武汉市根据灾害制定的《市人民政府办公厅关于认真做好洪涝灾害后恢复重建工作的通知》等。从以上的灾害应对效果中可以看出，我国传染病防控工作相对成熟，且对疫情有良好的防止次生灾害出现的能力。例如，在北京市暴洪灾害中，快速组建应急小分队重点监测水源安全，对食品和饮用水进行全面消杀，督促相关单位做好饮用水消毒净化工作，并未出现大规模的肠道疾病暴发；做好动物尸体的无害化工作，防止淹死、病死畜禽产品流入市场，市食品办统一快速检测，重点监测自备井水、饮用水、蔬菜、畜禽、水产品5 大类食品，对于重大食品安全隐患早发现早解决。武汉市内涝案例中将传染病防控工作具体落实到社区，各区政府及部门按照市政府的通知做消杀工作，有效降低血吸虫病的发病率。在江苏省龙卷风案例中，市疾控中心领导高度重视并到现场指挥环境干预工作，制定多主体监测方案，食源、水源、病虫消杀等，所有法定传染病发病率没有上升，且腹泻和未分类肝炎的发病率出现下降趋势。广东省登革热疫情案例中通过有效控制传播媒介，包括灭杀成蚊，并辅以清理孳生地等工作，有效控制疫情扩散到周边地区。安徽省洪水案例中重视基本医疗卫生服务的供给，并做好相关的环境干预工作，例如，提供清洁的水、安全的食物、进行消杀灭、保障居住环境与厕所的清洁，因此在安置点腹泻等食源性传染病比例较低。

9）基本医疗和卫生保健服务提供是保证群众生命健康安全的必要部分

面对突发性重大灾难，除了伤员救治、病患信息筛查核实、健康体检、医疗诊治、简单医护用品保障、卫生健康知识宣传和应急培训、看病治病补贴等基本医疗保障是基础性工作。特别是慢性病患者、老人、小孩、孕妇等脆弱人群，容易受到灾害冲击，加之灾害导致卫生服务提供的中断，因此脆弱人群的日常健康管理工作应得到重视和加强。本书 10 个案例中，几乎各级政府的应对工作都涉及到基本医疗卫生系统的维护，并根据各自面对灾害类型的特征，提供有针对性的卫生保健服务。例如，在洪涝和台风等极端气候事件中，提供快速医疗救援工作，确保"灾害到哪里，医疗卫生保障就到哪里；受灾群众到哪里，医疗卫生保障就到哪里；抢险队伍到哪里，医疗卫生保障就到哪里"，各级政府要确保灾中和灾后医疗卫生救援工作能够及时、有力、有效开展；在灾民集中安置点，疾控中心联合制定医院实施了安置点的健康巡诊制度，指定医院在安置点建立临时的医疗点来保障安置居民的基本医疗服务。上海市高温热浪案例中，医疗卫生部门重视心脑血管疾病患者与慢性病人的健康教育和保健服务。在南方地区特大寒潮案例中，重视滞留人员的防寒工作和体温监测工作，重视老年人与婴幼儿等脆弱人群的医疗保障工作。在京津冀雾霾案例中，通过建立心理咨询热线，及时为公众提供负面情绪的排解通道。

10）针对灾害事件应对的政府资金较为充足

灾害事件应对过程中，从灾前预防、灾中救助到灾后补偿的资金主要来源于政府的财政拨款。2004 年制定的《突发事件财政应急保障预案》作为应急财政机制的基础，随后在一次次的实战应对中不断改进应急财政管理。我国政府具备集中力量应对少数突发重大灾害的能力，根据"特事特办，急事急办"的原则及时拨付和分配应急资金，必要时候动用中央预算中的预备费和各类经费支出补贴各受灾主体，地方财政行事权管辖内的资金及其救灾物资保障由地方政府自主承担（宏结等，2021）。除了财政预算外，社会捐赠是应急资金的重要来源。捐赠资金主要有国内捐赠和国际援助两类，通常由民政部门负责接收。国内捐赠资金是国内社会各界人士自愿、无偿、义务捐赠的资金；国际援助资金是其他国家（地区）和国际组织在突发公共事件期间捐赠的资金。这类资金在对应急资金起到补充作用（徐卉，2021）。在广东省应对台风"山竹"的过程中，财政部、应急管理部向广东、广西下拨中央财政自然灾害生活补助资金 2.1 亿元，主要用于"山竹"台风受灾群众紧急转移安置、过渡期生活救助、倒损民房恢复重建等群众生活救助需要。广东省财政厅下拨 6 000 万元自然灾害救助金，地方各级财政投入 1 700 余万元紧急采购救灾生活物资。在北京市雾霾治理过程中，中央拨付了 90 余万元的大气污染防治专项基金到京津冀地区，北京市政府自身共投入财政资金约 860 亿元，用于煤改电、新能源车辆补贴、企业技术改造等 40 余项治污工程补贴，环保组织和新能源企业等社会主体提供专业的空气治理服务。在江苏省龙卷风案例中，财政部、民政部紧急下拨 1 亿元中央自然灾害生活补助资金，民政部向江苏省紧急调拨的 1 000 顶帐篷、2 000 张折叠床、10 套场地照明灯等中央救灾储备物资解决受灾群众的基本生活需求；另外，企业在物资捐赠方面起到较好的补充作用。可以看出，我国的应急财政管理以政府为主导，必要时中央下拨救灾资金，各地充分发挥主观能动性，发挥部门间合力，及时储备、调用应急物资，有效保障了受灾群众基本生活。

2. 不足与障碍总结

1）多部门合作是必要的，但常态化的联防联控机制仍存在障碍

多部门合作在应对极端天气及其带来的健康影响的过程中，起着至关重要的作用，本书多个案例均在一定程度上对相关部门提出合作要求。例如，安徽省建立了协调实施环境卫生干预的综合风险管理系统；广东省城管（爱卫办）、住建、林业、水务、旅游等部门联合行动控制登革热传播；上海市政府建立起多灾难信息整合、多机构联动、多部门协调的应急响应机制；京津冀地区建立了空气污染联合预警和协作治理机制。然而，这些合作不同程度上存在着沟通不畅、效率低下的问题，在风险常态化防控形势下表现得更加明显，具体表现如下。

（1）部门合作缺乏制度约束。针对可能暴发的灾害或疫情，政府往往在应急预案或工作指南中规定各部门的工作职责，但由于相关规定多为原则性要求较为笼统，缺乏具体的制度保障和问责机制，不能形成对相关部门的制度约束（马英娟，2015）。例如，在安徽省洪水案例中，水利、交通运输、城建、国土等部门规划建设过程中协调衔接不够，是导致防洪整体性不高的原因之一。城乡住建规划和城市排水规划应与城市防洪规划相衔接；交通规划应与水利规划相融合，确保水系畅通，保证河流过洪能力。因缺乏合理有效的城市防洪规划，交通等部门在制定各自工作规划时缺少来自防汛抗洪方面的约束，导致部分城市防洪能力较差（纪冰，2016）。另外，各部门在接收到气象部门发布的预警信息之后应对碎片化，单方面响应，由于部门分割、数据不能共享，故发布的预警预报信息界定不清，不利于决策者和公众理解。例如，在 2008 年南方地区特大寒潮案例中，没有建立信息共享平台，故未能较好整合多部门数据资料，对寒潮引发的一系列灾害链的防范不系统、危害认识不充分、处理碎片化。

（2）部门合作缺乏激励机制。参与合作的各个部门都有各自的利益追求和日常的工作安排，多部门合作的理想化追求是在多部门目标实现的同时，也实现各个合作主题利益最大化目标（陈曦，2015）。然而在激励机制匮乏的情况下，多部门合作在创造某些净获益部门的同时，还会给一些部门带来日常工作之外的临时议程，造成额外的负担，必然会影响到其参与合作的积极性。以广东省登革热疫情为例，登革热问题需要疾病预防控制机构、城管（爱卫办）、住建、林业、水务、旅游等多个部门协调合作。根据《广州市登革热防控方案》与《广州市从化区登革热疫情应急预案（2018 年版）》规定，住建部门应"监督物业管理公司认真履行物业服务合同，确保小区环境整洁"。然而在对蚊虫孳生地施药过程中，仍受到了来自物业公司及居委、单位的阻力，不作为不配合的行为屡有发生，影响了政策落实。

2）存在群防群控机制不足，基层、社会组织和公众参与不足的情况

在众多气候灾害应对事件中，非政府组织是危机应对的一支重要力量，许多非政府组织也积极参与抗灾救灾工作中。但是由于缺乏一个交流高效、信息透明的沟通渠道，各个组织、机构、单位之间缺乏有效的沟通，没能有效进行救助资源的整合，普通民众无法及时获知各类资源的相关信息（获取渠道、消耗情况等），社会力量也缺乏明确运作流程，各个组织俨然是各自为战的孤立状态，未能发挥整体救援力量的最大效用。

例如，在即时性高强度灾害中，应对工作强调时效性。在武汉市内涝案例中，有不同类型社会组织参与到救援工作中，比如，青年企业家协会招募志愿者协助救援活动；武昌区社会组织促进会开展相关知识宣传活动；壹基金等基金会或沃尔玛等企业提供救援资金和救援物资。但同时在应急过程中也出现物资管理、分配不当、志愿者扎堆等无序现象影响救援进展。另外，部分基金会和慈善会资金不公开不透明造成一定社会争议，此类上诉、曝光事件在一定程度上降低了社会组织的可信度，不利于未来的灾害应对工作。在长期灾害事件中，健康应对工作重视渐进性和有效性。在北京市雾霾治理中，环保公益组织是协助政府治理工作的重要力量，社会组织在一定程度上起到提供技术支持、调研宣传、监督问责等作用。但是，环保公益组织培育不足，主要依靠政府财政开展工作，在实际运作过程中容易受多重因素影响而未能发挥其最大效用，并且专业性较强的社会组织在开展活动前期对志愿者培训等工作需要投入大量人力财力，这也一定程度上阻碍其功能发挥。

3）宣教工作效果不足，公众风险意识不强

虽然我国大部分地区进行了相关的防灾减灾培训，但人们危机意识仍较为薄弱，对基础的自救、互救知识了解较少。公众是防灾的主体，各级卫生部门要根据本地区自然灾害特点和工作实际，加强有针对性的灾害健康教育，以多种形式向公众宣传防病救灾的卫生常识，增加公众对突发自然灾害的认知，提高公众的自我防病和自我保护能力[①]。特别是在农村等主要由老人、妇女和儿童组成的地区，在灾害发生时，很容易造成秩序混乱，延误救援时间。例如，在北京市暴洪案例中，由于部分公众对于暴洪灾害的认知和风险防范意识不足，存在强行涉水或者车辆进入深水区的情况，虽然气象局通过多种渠道5次发布强降雨预警，但部分民众依旧前往演唱会、球赛会场，没有对暴洪给予充分的重视，从而造成不可挽回的生命损失。在2014年广东省登革热疫情案例中，公众对登革热知晓率低，对

---

① 整理自：《自然灾害卫生应急工作指南（2010版）》。

防治工作不够重视，相应措施采取率不高，甚至出现部分群众对政府部门的灭蚊行动不理解和抗拒，影响了防控工作落实，不利于对疫情的控制。在南方地区特大寒潮事件中，公众回乡过年的传统意识浓厚，对于寒潮的认识不足，认识不到寒潮可能带来的交通压力，甚至是健康危害，因此，存在大量的流动人口滞留火车站的情况。在京津冀雾霾案例中，发现部分居民即使在知晓 $PM_{2.5}$ 对人体健康的情况下，采取自我防护措施（例如戴口罩、推迟锻炼时间等）的人比例依然不高，存在知行不合一的情况。在江苏省龙卷风发生地区，居民的防灾意识薄弱，在龙卷风发生后几天，对于龙卷风危害的关注度迅速降低。

4）人力资源短缺，缺少具有较高专业素养的工作人员

医疗卫生医护人员作为前线的重要队伍，他们针对气候变化风险的教育与培训尚存在不足。另外，对于卫生部门医疗人员应对气候变化的干预工作，目前尚在起步阶段，对于气候变化健康风险的专业人员干预效果评估也比较缺乏，缺乏从实践层面改进卫生人员工作科学的、可行的方案设计。这些不足在本书案例中有所体现，例如，广东省应对登革热过程中突出的问题是，相关从业者素质参差不齐，一线施药人员多为文化素质较低、经济待遇较低的农民工，多数未经过严格技术培训，管理较为松散。一方面需要技术培训，另一方面需要责任心教育，同时提高农民工待遇，保证防控工作顺利开展。目前在应对极端气候事件时，相对于传染病的高度重视来说，慢性疾病和长期的心理健康问题的干预，仍存在被忽视的情况。龙卷风在我国是相对罕见的自然灾害，因此 2016 年江苏省龙卷风的应对工作中稍显不足，此外对于灾害造成的心理创伤问题干预不足，这也与应急人员缺乏相关的心理咨询专业知识有一定的关系。南方地区特大寒潮案例由于当时事发突然且影响范围覆盖全国，当时所调用的志愿人员未能接收全面的知识培训，因而在实际工作中只能充当辅助作用，未能发挥其最大效用。在安徽省洪水发生时，由于农村的劳动力大量进城务工，所以当时驻守的村民大多是老年人和留守儿童，出现汛期巡堤、救灾等工作中专业救援人员不足的情况（程晓陶等，2017）。

5）疾病监测预警体系仍有待改进

气候灾害风险防范主要目标之一，应为及时发现疫情，预防控制病例，避免较大流行（何剑峰，2011）。因此，监测的重要性不言而喻。纵观 10 个案例，可以发现目前我国存在疾病和媒介监测体系存在尚不完善的情况。例如，缺少龙卷风监测预警系统，目前，只有美国和加拿大建立了龙卷风监测预警系统。在北京市暴洪灾害中，监测不够细化，积水监测点覆盖不全。并且，未形成有效的气象灾害预警机制，预警信息发布不到位，政府也未能为民众快速开放应急避难所，

造成了交通拥堵和人员伤亡。在广东省登革热疫情预警中,重点监测指标不够明确和全面,由于经费、人员的等问题,监测网络体系尚存漏洞,导致无法迅速做出科学的判断,不能在疫情开始的适当时机采取有效的防控措施。在南方地区特大寒潮案例中,由于当年正值春运返乡大潮,人口流动量巨大,使得疾病监控和媒介监测成为难点之一,而寒潮在一定程度上加重慢性疾病的病情,老人、小孩、孕妇等脆弱人群的健康情况缺乏监测。在上海市高温热浪案例中,长期的高温增加了呼吸系统疾病的发病率和死亡率,但是在实际工作中对于高温风险监测和识别工作不足,导致其对于居民的相关自我防护宣传存在一定的滞后,因此高温下健康结果不太理想。并且,上海高温热浪案例中的监测和评估更多的是针对气候监测预警系统或者卫生环境体系进行的政府内部评估工作,而严重缺乏针对健康结局的评估指标和评估体系,更是缺乏通过第三方专业评估部门来进行的全面、客观的干预效果评估。除了生理疾病外,大部分政府在灾后恢复工作中对心理疾病的监测和关注度不足,无论是江苏省的龙卷风事件还是安徽省的洪水事件,对于受灾居民的心理健康监测有较大的改进空间。

6)针对政府干预措施评估不足,尤其健康评估匮乏,不利于政策反馈改进

在政策循环中,评估是政策改进的重要信息来源,调查评估需满足独立性、科学性、权威性的特征。独立性指参与评估的机构和人员应避免利益干扰而影响评估过程和评估结果;科学性指评估方法、评估内容的科学性,实事求是;权威性指参与评估的机构能够从行政部门得到真实有效数据开展相关评估工作,保证评估结果真实性。首先,我国大部分的灾害应对行动缺乏公开透明的评估报告、行政部门内部资料居多;其次,评估工作基本交由行政机构开展,缺乏专业的数据支撑和数据分析,且评估结果大多为定性描述,缺乏可量化、标准化指标测量;最后,健康评估更是干预效果评估的弱项,这导致政策改进缺乏客观分析,对于健康干预措施带来多大的健康改进缺乏可视化成果,不利于后续应急行动的调整。例如,广东省登革热疫情防控工作评估报告的数据分析停留在表面,仅仅陈述各地区的发病率及其变化过程,对于地区健康结果差异及发病率变化原因缺乏深入探讨,对于应急工作改进的贡献度有限。在广东省台风、江苏省龙卷风、南方地区特大寒潮等案例的干预评估中,评估资料大多来源于公开数据库和文献库,其分析大多停留在数据报告,缺乏干预行动与评估结果的因果关系分析,不利于后续政策调整。另外,针对政府的干预措施仍缺乏全方位、及时有效的评估和反馈。例如,消杀的程度是否满足传染病防控要求的同时,也可以符合环境保护要求;灾害之后的健康干预措施和心理干预措施是否有效果;针对热浪和寒潮,开展的人群健康适应措施是否能够有效的减少相关疾病负担,增进人群健康;等等。这

些问题，都需要建立一系列科学实用的指标评估体系，针对相关的政策措施的有效性进行及时的评估和反馈。

7）气候与健康研究尚不完善

气候与健康研究是健康干预措施制定、实施和评估的基础。本书多个案例中，相关基础研究或应用研究均有不足之处。关于安徽省洪水的研究集中在应用领域，以灾害风险评估、雨情水情分析和防洪工事修建为主，缺乏对洪水带来的健康影响的关注及对社会环境因素的研究；广东省登革热疫情相关的重点监测指标不够明确、全面，登革热监测体系仍有漏洞；关于上海市高温热浪，则在气象与疾病发生的机理研究、气象因素与大气污染的交互作用等方面研究有所欠缺。

除此之外，我国关于气候变化对人体健康影响及适应性方面的研究在更大的时间和空间跨度上仍有发展空间。从时间上来看，可以发展危害健康的气象因素早期预警信号筛选的研究，通过监测气象数据异常波动，做出预判提前向公众发出预警；也可以预测未来气候变化，结合社会经济因素做出风险评估提出适应策略。从空间上来看，针对气候变化对不同区域的人造成不同健康后果的研究仍较为空白（马文军等，2018）。

8）现有城市规划与协同治理不足，未能有效降低气候变化带来的健康风险

21世纪以来的快速城市化，在一定程度上忽视了城市扩展的质量，地方政府在城市发展中常常忽视城市规划的重要性，城市下垫面偏硬、绿化面积占比下降等问题使得城市生活的舒适性下降，而城市热岛效应的加剧也对脆弱人群的健康造成一定威胁。有研究表明，城市公园白天的温度比非绿化点低1℃左右。增加植被和反照率可以降低40%~90%的高温相关死亡。如何改变城市景观设计，调节空气湿度，从而大大降低环境体感温度，并降低噪声污染，改善空气质量，有待进一步探讨，也亟需城市规划、环境治理与气候变化的协同治理。正是由于气候变化带来的风险是多样化的，并且存在交互作用。例如，洪涝灾害、传染病及气温也可能存在交互作用，空气污染和气候变化存在明显交互作用。因此，在气候变化的大背景下，不能把一次灾害作为单一事件来看待，而是应该把不同类型的极端气候事件，放在气候变化的背景下整体来看，进行综合的风险方法。这就需要政府的适应策略和应对措施，不仅仅是针对单一的、单灾种的灾害事件，而是采取协同治理策略。但是，目前我国仍存在单一灾害事件的应急处置思维，而严重缺乏针对复合风险或者多重风险的协同治理思维。这在本书案例中有所体现，例如，在上海市高温热浪案例中，所采用的干预措施是软性的，预警系统建设、应急响应机制建设、宣教活动等，尚未考虑到硬件基础设施和环境规划的重要性，如增加绿地面积、更换道路下垫面、改变大厦外墙材质等缓解城市热岛效应措施。

9）相对于传染病，慢性疾病和心理疾病重视不足，缺乏有效干预措施

生理健康问题是各类灾害事件的重点关注对象，但是灾害带来的心理创伤问题未能得到各级部门的重视。灾害发生后，大量灾民可能存在一定的心理健康问题，如存在一定的焦虑、抑郁、失眠、行为改变、创伤后应激反应、自杀倾向等精神类问题，这些问题若未能得到有效疏解，严重患者可能会造成社会骚乱，影响社会稳定。此外，儿童作为重点脆弱人群，如果缺乏适当的干预行动，容易造成人格扭曲，性情大变，不利于后续的健康成长。从各类灾害应对行动中可以看出，心理问题几乎是各地区政府的"视觉盲区"，即便在健康应对过程中有提及心理援助，却缺乏具体可行的干预措施，也尚未制定相关的工作指南。安徽省洪水案例有涉及到安置点灾民的心理干预服务，但是实际心理干预效果并不理想，并且心理干预并非短期工作，灾民重建家园过程中需要长期与伤痛回忆作斗争，长期的回访工作也并未落实。江苏省龙卷风案例中脆弱人群心理干预不足，精神和行为障碍各类疾病发病率均有上升趋势，此外该类疾病的滞后性较强，但同样缺乏有效的干预措施。心理干预的不足，从根本上来说，是我国具有专业精神干预资质的卫生人力资源严重不足所导致的，尤其是专业心理医生和护士的严重匮乏。而如果当地存在不当的心理干预，甚至会对灾民产生次生心理伤害，因此很多时候公众对于心理干预也存在反感和排斥的心理。受到专业人力资源的限制，目前我国针对灾害基本采用灾后短期的精神干预方法，并且心理干预目标群体只是针对家庭成员有伤亡或者自身健康受到严重影响（如伤残）的重灾民。由于初级卫生保健机构具有心理干预资质的人员匮乏，目前尚无法对灾区民众采取广泛、长期有效的精神干预和社会支持措施。

10）气候与健康相关的财政资金准备不足

现有的财政预算计划框架中，未设有气候变化的专门基金，应对气候变化的健康风险支出，主要依附于各功能性部门的年度预算，缺乏系统性、整体性的资源整合，应对气候变化的健康风险未能得到重视。我国各省市经济发展水平、气候条件、地理区位等条件差异较大，在应对气候变化的工作中需要具体地区具体分析，各地方的财政投入、健康应对政策也需因地制宜地有所调整。气候变化脆弱性较高的地区往往是经济欠发达的地区，受到气候变化的影响较大，需要通过政策倾斜、地区支援、技术支持、资金支持等进行援助。

6.2 政 策 建 议

1. 将气候变化适应指标融入城市可持续发展战略目标

城市交通拥挤，密集的人口和建筑，高暴露度和脆弱性等是导致气候变化高

风险的原因，城市在发展的过程中受到城市化和气候变化的双重影响，从而增大了对城市人口、低收入和户外人群的安全风险，对城市可持续发展造成了巨大的压力。气候变化通过一系列极端天气影响城市系统（电力和通信系统，水供应，公共卫生健康系统和应急管理系统等）和生态可持续发展（水资源、生态系统等）及其功能，气候变化已经在影响公众健康、粮食、水安全、移徙及和平与安全。如不对气候变化加以控制，会直接影响到经济和社会的可持续发展。

联合国 2030 年可持续发展目标提出的 17 个可持续目标中，多项目标均致力于应对导致气候变化的核心问题。例如，第 13 项可持续目标"气候行动"，指的是采取紧急行动应对气候变化影响。社会经济发展，自然资源的利用与消除贫困的目标都会随着气候变化随之发生改变，所以如何应对气候变化已然成为实现可持续发展必须解决的问题。需要拿出可操作的气候变化解决方案，确保过去几十年所取得的进展不会因气候变化而停滞并且倒退，并且确保各国经济的健康和复原力。第 6 项目标"清洁饮水和卫生设施"提到了公共卫生的重要性，灾后水供应的可用性和正确的环境卫生干预的可持续管理是相当必要的。第 7 项目标"确保廉价、清洁和可持续的现代能源"及第 15 项目标"保护、恢复和促进可持续利用陆地生态系统"。而第 11 项目标"可持续城市和社区"强调灾害治理的长期性和渐进性。

具体而言，气候变化下的极端天气如干旱、强降雨洪灾、高温热浪、沙漠化、沙尘暴、土地退化等使生态环境安全的风险性大幅上升，因此，SDGs 项目提出"各类灾害造成的死亡和受灾人数较大程度上减少，且上述列举的灾害所造成的与全球直接经济损失将大幅度上的降低（如国内生产总值等指标），将脆弱人群和穷人列为重点保护对象"、"加大选取和发展全面性的计划和政策，构建资源使用效率高、具有抵御灾害能力、减缓和适应气候变化、包容性强的城市和居民居住区数量，并根据《2015—2030 年仙台减少灾害风险框架》在各级建立并且全面实施灾害风险管理"、"加大财政和技术支持投入力度，援助最不发达国家，从而建造可持续的，包容性强且具有抵御灾害能力的居住地"。由此可见，联合国 2030 年可持续发展目标，直接将气候变化导致的强降雨、高温热浪、传染病（登革热）传播等灾害风险适应问题放入了可持续发展目标里面并提出具体的干预行动。

党的十九大报告指出，人民健康是民族昌盛和国家富强的重要标志，并将实施健康中国战略纳入国家发展的基本方略。气候变化已成为制约健康中国战略实施和可持续发展目标实现的重要不稳定因素，需要国家从宏观和政策层面统筹解决。应积极推进城市适应气候变化行动，将健康城市建设作为应对气候变化健康风险的主要路径。健康城市评价体系的构建需要考虑到气候变化的健康影响、暴露度与脆弱性,并与气候适应型城市建设相融合,从而推进美丽中国和生态文明建设。未来在政策设计过程中,还应充分考虑应对气候变化健康风险与防灾减灾和安全机制的协同规划,极端气候事件健康风险管理与气候变化适应机制的协同发展,气候变化与空气污染协同治理的健康收益等。

因此,应对气候变化和促进可持续发展相辅相成,气候变化已成为可持续发展进程中一个核心的问题,应对气候变化的行动将促进可持续发展。适应城市气候变化可促进人民福祉、财产安全和生态安全。适应气候变化的关键环节是降低对未来气候变化的脆弱性和暴露度。通过采取城市应对气候变化的减缓和适应行动能减少城市所面临的气候变化风险,建立系统性的城市气候变化治理和可持续机制是必然的行动,将气候变化适应指标融入我国城市可持续发展战略目标,从而进一步促进社会、生态和经济的可持续发展。

2. 将气候变化适应计划融入卫生和应急战略规划

鉴于全社会对健康的高度重视,未来在设计减缓和适应气候变化的策略时,应将健康纳入气候决策过程,充分考虑相关政策和制度设计对健康的潜在影响和协同效应,从而制定更具成本效益和社会可接受的技术路线。同时,也需要充分理解气候政策、空气质量、生活方式和人类健康之间的各种联系,从而为应对气候变化行动提供关键的催化剂。为了提高社会对气候变化健康风险的认知水平,需要在风险沟通过程中树立明确的目标,通过科学普及、媒体宣传和公众参与,促进社会各界关于气候变化将会对人类健康带来全面、深刻和灾难性影响的认同。

将气候变化适应计划纳入卫生系统及整体国家规划进程的重要性,已经在许多国际组织的研究中不断被强调(Ebi et al.,2017,2015;World Healh Organization,2015)。我国国家健康卫生委员会采纳适应气候变化健康战略,在国家气候变化行动中考虑健康风险;与国家环境委员会合作制定健康适应协议。在《国家应对气候变化规划(2014—2020 年)》指导下,各省市制定相应的气候适应规划,《上海市节能和应对气候变化"十三五"规划》《广东省应对气候变化"十三五"规划》等,多个省市在制定规划时都日渐重视提高适应气候变化能力,对"十二五"规划中的适应措施进行总结并提出"十三五"需要开展的适应行动。广东省与上海市位于经济发达地区,财力相对雄厚,技术人才多具有相对较高的应对气候变化意识,两地基于自身气候脆弱性评估的基础上,不断提升适应能力,降低脆弱性,增强卫生系统的韧性。

根据世界卫生组织世界卫生大会第 61 届大会第 19 号决议和相关区域委员会的授权会议决议和行动计划,世卫组织与联合国其他机构和发展伙伴合作,扩大了对会员国的政策和技术支持。其中包括向卫生部门提供制定国家适应计划卫生组成部分的具体指导；以及支持脆弱性和适应性评估及估计卫生适应成本的技术工具。该组织还与世界气象组织和国家气象服务机构合作，支持为卫生提供气候服务（即定制的气候信息产品和相关支持），得到了世界各地迅速扩大的一些项目的支持，这些项目是关于卫生适应气候变化的。扩大覆盖面，维持技术支持和能力发展，以促进将气候变化适应计划纳入我国卫生系统是刻不容缓的。

3. 构建气候变化应对组织领导框架，加深人类命运共同体理念

气候变化是全人类的共同挑战，世界各国在面对气候危机时都难以独善其身。气候变化引起的公共卫生和生物安全风险，具有的全球性和公共性的特征，需要世界各国通力合作，人类命运共同体理念符合全球治理改革方向。提高健康领域适应气候变化的水平，是未来应对气候变化的重点方向，应明确包括在国际气候投融资标准中。我国也应主动加强与各国在应对气候变化领域的公共卫生合作，充分借鉴国际上针对气候敏感性疾病的公共卫生策略、风险评估方法和早期预警技术，提升应对高温热浪、暴雨洪涝等极端气候事件的公共卫生应急响应和风险管理水平。

如何防灾减灾与各个国家的发展都密切相关，每个国家都具有通过国际、区域性（包括次区域）、跨界合作和双边合作预防和减少灾害风险的首要责任。在国际层面，为灾害风险管理做出贡献的灾害风险纾解的主要协调机制是联合国灾害风险纾解机制，是指建立一个伙伴合作关系系统，用来支持各国和社区减少灾害风险。其中，这些伙伴包括各国政府、政府间组织和非政府组织、国际金融机构、科学技术机构和专门网络及民间社会和私营部门。在不同规模的利益相关方中，各国政府发挥着最重要的作用，包括建立国家协调机制，对减少灾害风险的状况进行基线评估，制定和健全国家方案。《巴黎协定》的出现，显示出了国际对于积极处理全球气候治理问题的共识，在气候变化多变进程局面不确定的背景下，中国政府始终积极参与《巴黎协定》后续相关谈判和公约外气候变化相关国际进程。中国在当下应积极参与相关国际会议，与国际组织展开广泛的合作的同时，需要进一步加强与世界银行、联合国开发计划署等一些其他多边合作机构的合作。对于合作形式方面，需要开辟新的区域性且高级别的环境合作机制，或是大力推动现有的双边合作机构的同时，新增一些针对于协同效应的合作项目。

除了发展国际的合作伙伴关系网，在国家层面，国家负有减少灾害风险整体责任，同时各级政府和相关利益相关方需要分担责任，这对于加强国家社区、个人及其财产在经济、社会、健康和文化方面的抗灾能力、改善环境和培养预防文化必不可少。政府间组织发挥支助作用，例如，促进灾害风险纾解计划的实施并将其纳入发展规划，以及能力建设。关于能力建设从两方面入手，一方面，健全中国关于气候变化的法律法规体系，由于中国长期缺乏高效的应对气候变化法律法规，各个省市政府仅根据国家政策出台相应的条例，各行各业都以自己的利益为优先而采取应对措施，导致了国家整体的能力建设规划布局散乱，所以我国需要建立一个适合不同行业的需求，并且平衡各个省市之间的共性和地域差异的应对气候变化法律法规；另一方面，建立一个类似于城市气候领导联盟（Large Cities Climate Leadership Group，简称为C40）的城市气候网络，通过这种互动性更强的网络化结构联合方式，为城市间相互学习与借鉴成功的应对气候变化所带来的极端天气的措施的共享平台，在此之上提升试点地区范例研究，大力推进相关试点项目于各个城市和行业，从而能够有效共享技术、知识与交流经验，大力发展国内城市间合作伙伴关系网，帮助城市更好地推动极端天气治理工作。

4. 提高气象、卫生、应急管理多部门信息共享和协同合作能力

首先，对于灾害的防御体系是由多部门协同合作完成的，有效的合作是由多方面的要素组成的，成功的灾情控制方案具有多部门和跨部门的防备和应对特点。对于政府来说，应对极端天气并不是一个部门或一种防灾工程就能够完成的，必须发挥城市整体的防灾减灾能力，制定有效且高效率的协同合作机制，充分发挥其多部门协同合作效应，从而提升防灾减灾能力。例如，登革热防治需要一个有效的跨部门方法，需要在主要部门（通常是卫生部门）和其他相关部门和政府机构私营部门（包括私人医疗保健提供者）之间建立协作；非政府组织（如社区自治组织、志愿者组织、公益性组织等）和当地社区建立合作。资源共享是协调的一个重要方面，在紧急情况下关键的人力和物力资源必须迅速动员并协调使用，以缓解流行病的影响。例如，城市规划和水资源协调管理，对预防和减少登革热发病率尤为重要；可以通过改善管道供应，增加饮用水和卫生设施，减少城市污水储存，减少蚊虫繁殖地，改善排水，建立社区附近的水收集点等措施，有效减少登革热发病率。

其次，城市建设措施与城市防灾体系协同合作也很重要，协同因素涉及到城市不同的层面，有的来自城市发展，有的来自空间的统筹规划、法规政策的制定，还有的来自环境保护与利用，应急救援管理等不同领域（于洪蕾，2015）。结合这些不同的领域，有效地运转城市防灾体系，并发挥最佳效益，是当前国际研究的热点。尽管每个国家和地区都推广和鼓励这种做法，但是大多效果并不理想。由于缺乏对建立协同关系和层次结构的重视，如何尽可能化解跨部门、跨机构合作的矛盾，仍是政府部门的一大挑战。

值得注意的是，建立网络可以尝试作为协调部门间工作的一种方法，为合作伙伴提供一个协作平台，以解决跨机构和机构内存在的问题，并共享多部门的最佳经验和做法，同时减少重复工作。面对灾情控制，建立网络也有助于发挥协同合作的优势，从而提高灾害预防和控制行动的有效性和高效性。例如，有效的监测预警系统，需要在收集数据、处理数据的技术机构和人员，以及决策者之间建立网络平台，这些专业的数据收集机构和人员可以协助建设该网络（Ebi et al., 2017）。另外，部分城市在应对极端气候事件时，各部门在接收到气象部门发布的预警信息之后存在应对的政府碎片化。我国应该充分利用城市网格化平台、大数据等信息技术，完善我国气候变化健康风险相关的信息整合机制建设，这在一定程度上能够提高我国的健康风险适应能力。

最后，推动国家和省级层面的卫生健康委与气象部门签署全面战略合作协议，加强在应对气候变化、健康气象等领域的科研合作与技术交流，推动形成资源共享、优势互补的合作局面（钟爽等，2019）。组织相关科研单位联合申报科技攻关项目，阐明气候变化或极端气候事件导致区域健康风险的机理，研发面向公众和决策部门的健康气象服务产品。在国家和省级层面，搭建健康与气候变化大数据共享平台，开展气候变化下的区域健康风险综合评估，建立基于气候预测和气候变化情景的气候敏感性疾病早期预警系统并进行应用示范，提高应对气候变化的能力与效率。

5. 健全政社联动机制，加强社会机构应对能力建设

国际上有不同的针对适应能力建设的框架，包括本书提到的 WHO 在卫生系统基础上提出的气候变化健康适应框架，以及极端气候应对社区抗逆力框架，这两个框架都从不同角度提到了社区认同与社会参与，对于提高气候适应能力的重要性。此外 Cinner 等（2018）提出描述适应能力的 5 个方面：资产能力、学习能力、灵活性、社会组织、自由选择度。总的来说，资金和技术投入都是必不可少的重要组成部分，领导和组织协调能力，各部分之间存在交互作用，并且都会影响各项策略的落实效果；各地方是否能按分工和领导指示投入相应的资金和技术，存在灵活变通的空间；各地在领导与组织、人员、信息、技术、服务、资金多方面不同的投入与执行力度，受到当地政府机构的能力的影响，同时受到公众认同感、与本土化社会参与程度等因素的影响。

虽然政府部门在应对气候变化过程中发挥主导作用，但是不能忽视其他公共部门的参与，孟加拉国、美国纽约等国家或地区的健康适应经验表明，非政府组织的参与在促进信息共享、社会动员、为地区的健康适应规划建言献策等方面发挥着关键的作用。因此提高非政府组织的适应能力建设也是刻不容缓的。目前，尤其是我国建立了"政府主导，其他主体协同"的抗灾体系，在灾害应急响应过程中，常常会涉及多主体协同抗灾救灾，如社会组织与非政府组织、企事业单位、普通公众等共同参与。在当今风险社会，如何充分利用社会力量，有效融入政府治理，从而与政府形成治理能力的合力尤为重要。本书案例中，不乏社会力量参与气候灾害应对的情况。例如，在北京市暴洪案例中，志愿者自发去首都机场接送滞留旅客、慈善基金会表示要求去参加救援工作。在江苏省龙卷风案例中，社会组织、企事业单位也提供了很多公共服务。但在具体实施过程中，政府与其他抗灾主体，例如，社会组织、企事业单位等存在联动机制不完善的情况，导致在抗灾过程中，其他组织常会出现社会公信力不足，专业性过低，运行低效，部分职能与政府重合等问题。因此，建立起政府和其他社会机构的联动机制，能够明确政府和其他组织在救灾过程中的职责，有效利用社会资源，提高运行效率；同时，动员全社会民众参与应对气候变化健康风险，能够提高公众的防灾减灾、灾后防疫意识，从而奠定良好的民众基础。

6. 重视专业人员培养，提高人员卫生应对能力

提高有限资源的利用效益、为灾害储备大量的人力资源是所有防灾的必要条件。医疗卫生医护人员作为前线的重要队伍，如何提高其风险感知、行为应对、干预知识等，从而最大程度发挥引领作用至关重要；如何从实践层面改进卫生人员工作认知和政策执行能力也值得深入探讨。过去在灾害的预防和控制的各个层面，能力建设都容易被人忽略。人员对于气候变化适应能力和应对能力的培训课程，往往无法持续下去。此外，有效实施灾害的预防控制，需要有足够的工作人员能够使用适当的设备和设施，以及有效执行、监测、评估风险控制方案的知识、能力和技能。因此，未来应加强方案管理，实现有效的可持续预防和控制。应对不同的极端气候事件需要的知识技能和素质不尽相同，因此需要建立起各类极端气候事件的应急专家和救灾队伍，能够在极端气候事件频发的时代做到更加有效的卫生应对。这需要有效发挥社会科学家、通信专家、公共卫生学家、病媒控制人员、流行病学家、诊断实验室工作人员，以及医疗保健人员等的重要作用。根据各类人员的需求进行专业的知识学习，技术学习，并且注重提高多学科团队合作的效率。另外，在应对极端气候事件时，常常缺乏救援常备机制，救援队伍多为灾害后临时组建、力量分散、彼此独立组织。因此，未来应该有针对性地加强多部门的联合培训与联合演练工作。

7. 完善多灾种综合早期气象预警与脆弱人群健康干预策略

不同种类的气候灾害，既有区别也有联系，减少气候灾害风险需要多危害风险管理。气候灾害具有明显的可预报性和过程性的特点，因此政府应该建立"两类响应"机制，包括：①事件响应和预警预报，这已经成为我国目前主要采用的气候灾害风险管理方式；②近年来区域划分和气候风险评估也被我国政府提上日程。目前经过初步探索，已经形成了灾害风险管理的体系雏形，该体系集灾害风险区划、评估和风险分担策略于一体。该体系首先要分析风险类型，识别风险是人为还是自然引发的，风险源是否来自于相关的周边环境、生活背景、技术生产和生物危害性或风险，要根据灾情大小、发生频率判断为偶发还是常发、突发还是缓发，将灾害风险类型识别放在首位；其次，要将灾害发展的全过程进行分析，对于现存的、潜在的及新发的灾害风险进行识别、预防与减缓处理，对复合灾害风险及连锁危机进行全面调查，大力发展区域灾害风险评估、制图与监测。基于多灾种、多危害的情况下建立早期灾害预警系统，从而快速提高人们对预警系统风险信息和评估结果的可获得性、利用率和便利性。

精准监测，及时有效预警，可以为灾害治理赢得更多的时间进行提前部署，尽可能减少灾害带来的损失。我国总体而言，随着科技的发展，已经建立了较为完善"天-地-海-空"气象灾害监测网络，形成了立体化的监测系统。但部分气候变化相关灾害监测系统，例如，龙卷风监测预警系统在我国尚未建成。从本书案例中可以看出，我国应该继续完善部分监测预警网络体系，并提高已有的监测系统的精确性、覆盖面。

由于区域间存在人口、社会环境、经济环境等地区因素差异，因此需要对这些差异进行识别和分析，在此基础上识别气候健康敏感地区和脆弱人群信息（如人口、年龄、收入等结构特征），从而评估气候变化带来的疾病负担和健康风险。同时，我们需要了解不同地区对健康适应行动和策略的公众接受程度。通过了解该城市的权力结构如何塑造城市形态结构和城市运营方式，从而进一步了解街道和居民的需求和偏好，对于脆弱地区和敏感地区的居民制定具有针对性的气候适应政策，提高社区韧性、灵活度和适应能力。

8. 设计并完善有效的监测与评估指标

WHO 对全球 14 个发展中国家的气候健康适应项目进行总结，提出的指标是衡量健康适应发展进程的重要工具（Ebi et al., 2017）。从本书案例分析中得出成功经验之一是有效的监测与评估指标有利于健康干预工作的顺利进行。许多经验表明，适当的指标体系是必要的。但目前从全球范围来说，气候变化相关的健康风险监测与评估指标尚有待开发，大部分的国家和地区并未建立针对气候变化的健康监控指标，在测量气候变化健康风险多沿用固有的天气预警指标体系，未能纳入气候方面的指标，这导致在评估各种健康应对项目和策略时缺乏可对比性。

对气候变化带来的健康风险建立一套适当的监测指标体系，如极端气候事件动态预警、传染病疫情监测等，由此为健康适应政策制定提供科学有效的信息。

此外，需要将应对气候变化的健康风险的投入与产出结合起来，制定具有可拓展性的评估指标体系，有利于建立气候变化的测量基线，使得健康干预措施的成效具有参考价值。

一套适当的监测指标体系，需要考虑和预测未来气候变化会带来的健康结果，其关注范围需要考虑到众多因素，包括季节性变化、卫生工作者的能力、公众气候敏感性的变化、社会经济条件更替等。从国家到地方，均需要系统性评估和管理气候变化的相关健康风险，这需要考虑到自然环境和社会环境的变化所带来的影响。只有不断增进气候变化适应相关认知、更新监测与评估指标体系，才能进一步建立区域的健康适应能力。理论上来说，地方监测某种传染病疫情是否会扩散，不能仅考虑病媒传播地理空间的大小和病株的存活能力，其他因素也都需要考虑在内，例如，人口迁移的动向、公众对防控信息的获取程度、医生的专业程度等，以降低大规模疫情暴发和扩散的可能性。

9. 开展社区层面的减灾活动，加强灾情应急沟通

社区作为社会基本单元，同时也是社会最小单元，面对灾害影响的程度最小。但同时社区也是政策执行的最基本单元，因此防灾减灾工作从社区减灾入手是一个重要的切入点，这已然得到国际社会的公认。我国社区意识仍较为淡薄，如社区医疗，民众大多不信任也不够了解。所以，当前我国需要重视政府管理部门、防灾部门、与社区公众之间的联系与沟通。另外，各级政府对于社区减灾的投入也应该重视起来，并且加大投入力度，从而帮助社区及家庭学习如何有效识别和应对灾害风险，同时对于灾害常发易发地区的社区风险信息及时有效的评估和发布。地方政府积极应该与社区合作实施风险管理工作，推动居民防灾教育与演练；应该设计奖励措施和创建模范社区，提升学校、医院和企业等单位的防灾减灾能力，鼓励社区内部和社区之间减灾合作；应该开展知识普及、风险沟通、指导社区志愿防灾组织的建立和应急演练等活动；应该将地方居民之间的合作变得更为紧密，改变过去单一固有的单纯依赖政府进行的防灾减灾活动，组建一个由政府、社会团体（如社区自治组织）、个体组成的全社会风险管理体系，达到长期有效的防灾减灾效果，创建具有恢复力的平安社区（范一大，2015）。

防灾的重点在于公众，例如，广东省登革热案例中，对于媒介伊蚊的防控是登革热疫情控制的基础，是一项涉及范围广、人员多、持续时间长、工作量大的社会性工作。因此，风险防控计划应建立以健康教育、环境治理、灾害应对为主导的综合治理工作；对青少年、妇女、儿童、老人和患有疾病等脆弱人群特殊关注；对社会组织、学术组织、金融机构、媒体界、企业、社区组织和志愿者等社会团体的能力和积极性给予积极的肯定和引导激励；以全社会合作参与的形式，将减灾工作融入各方日常工作和生活模式之中；采取积极有效的行动，采用多元化的宣传手段，增强公众的参与意识；逐步建立协同合作、信息共享、有效高效的运行机制和风险管理体系。以上均是目前减少灾害风险及加强气候变化适应能力的当务之急，对于当地社区全面提升防灾减灾能力、适应气候变化具有重要价值。

10. 系统开展相关研究，加大气候变化健康领域资助

面对工业化、城镇化、人口老龄化、气候与生态环境变化等新形势下的公共卫生和人群健康问题，我国需要加强科学研究，探索和解释天气气候与人类健康之间的关系；研发针对气候敏感性疾病和突发公共卫生事件的健康气象预报预警产品；系统开展气候变化下的健康影响、脆弱性与风险评估工作；做好健康领域适应气候变化政策与规划的整体布局；及时发现应对行动与设定目标之间的适应差距。未来，科技部、国家自然科学基金委员会和地方科技管理部门应加大气候变化与健康领域的研究资助力度，并促进气候变化、公共卫生与政策管理等学科的交叉会聚与融合创新，以服务于国家战略目标、经济社会需求和生态文明建设。

对于气候变化适应性建设方面的资金，国际上的主要形式包括国际项目资助、本国财政预算、社会保障制度、商业保险及社会资金吸纳等。目前，我国针对气候变化健康适应的资金，是以本国财政预算为基础，针对脆弱人群公共卫生和医疗方面则使用社会保障制度补偿，而利用国际项目的支持为辅，尤其是社会资金吸纳能力较弱。政府财政预算在面临众多公共问题选择投入时，常常显得不足；而投入到哪些公共政策，也往往存在一定的政府选择逻辑和取舍。因此，未来如何更加广泛地吸纳社会资本的力量，例如，通过慈善捐赠、企业捐赠、建立政企合作等方式吸纳社会资金，对政府投入形成补充，这将对于未来的气候变化健康适应政策与脆弱人群保护尤为重要。我国对于灾害事件，传统性的重反应与恢复阶段，轻预防和控制阶段，对于该类灾害事件的资助投入也是如此。因此，由于灾害控制和预防方面资金和投入的不足，和资金管理方式的不合理，很多时候不能满足地方的防灾减灾工作需求，这使得所处的地区风险评估、风险源头防控和风险治理工作存在困难，成为防灾减灾的主要障碍。由于灾前的预防和灾后的重建都需要庞大的资金投入，这一资金投入可能会影响到一些不被重视，但对适应能力培养极为重要的领域，例如，风险评估、风险防控、人力资源培训与演练、开发培训材料、组织培训课程、电子报告系统升级、脆弱人群干预、健康宣教及心理问题干预等领域，这些重要领域均可能由于资金投入的不足，发展受到一定限制。

参 考 文 献

本刊综合, 2018. 适应新形势 探索新机制: 从"山竹"应对看应急管理部如何探索应急管理新机制[J]. 中国应急管理, (8): 4-7.

卞光辉, 2008. 中国气象灾害大典 江苏卷[M]. 北京: 气象出版社.

陈斌, 杨军, 桑少伟, 等, 2016. 广州市登革热疫情响应与适应机制定性评估研究[J]. 中国媒介生物学及控制杂志, 27(3): 216-219.

陈东辉, 汪结华, 宁贵财, 等, 2016. 北京市极端降水事件和应对策略分析[J]. 灾害学, 31(2): 182-187.

陈凤灵, 邵昭明, 梁超斌, 等, 2017. 广东省 2015 年首个登革热防控示范区防控效果分析[J]. 中国公共卫生管理, (5): 645-647.

陈家宜, 杨慧燕, 朱玉秋, 等, 1999. 龙卷风风灾的调查与评估[J]. 自然灾害学报, 8(4): 111-117.

陈敏, 耿福海, 马雷鸣, 等, 2013. 近 138 年上海地区高温热浪事件分析[J]. 高原气象, (2): 597-607.

陈倩, 2017. 城市高温热浪与热岛效应的协同作用及其健康风险评估: 以长三角地区为例[D]. 南昌: 江西师范大学.

陈素梅, 2018. 北京市雾霾污染健康损失评估: 历史变化与现状[J]. 城市与环境研究, (2), 84-96.

陈溪然, 林辉煌, 2016. 登革热疫情与广东省公共卫生防疫体系[J]. 广州公共管理评论, (1): 105-120,340.

陈曦, 2015. 中国跨部门合作问题研究[D]. 长春: 吉林大学.

陈晓玲, 陈莉琼, 陆建忠, 2016. 从武汉内涝看城市水生态管理及新型人地关系构建[J]. 生态学报, 36(16): 4952-4954.

陈晓敏, 梁建生, 2017. 武汉市洪涝灾害期间及灾后消毒除害工作做法[J]. 中国消毒学杂志, 34(9): 893-894.

陈筱云, 2013. 北京"7.21"和深圳"6.13"暴雨内涝成因对比与分析[J]. 水利发展研究, (1): 39-43.

陈峪, 2013. 2013 年江南极端高温事件的思考与启示[M]. 北京: 社会科学文献出版社.

程顺祺, 王少谷, 陈晨, 等, 2019. 整体性政府视角下高温热浪应急管理的协同联动机制研究[J].

灾害学, (3): 160-166.

程晓陶, 刘海声, 黄诗峰, 等, 2017. 2016 年安徽省长江流域洪水灾害特点、问题及对策建议[J].
　　中国防汛抗旱, 27(1): 79-83,103.

邸苏闯, 刘洪伟, 苏泓菲, 等, 2016. 北京城市暴雨预警及应急管理现状与挑战[J]. 中国防汛抗
　　旱, (3): 49-53,59.

丁泓引, 2018. 县级地方政府自然灾害应急管理研究[D]. 苏州: 苏州大学.

丁一汇, 李吉顺, 孙淑清, 1980. 影响华北夏季暴雨的几类天气尺度系统分析[J]. 中国科学院大
　　气物理研究所集刊, (9): 1-13.

杜康云, 顾光芹, 许启慧, 等, 2019. 京津冀区域龙卷风灾害特征分析[J]. 气象科技, 47: 140-146.

杜宗豪, 莫杨, 李湉湉, 2014. 2013 年上海夏季高温热浪超额死亡风险评估[J]. 环境与健康杂志,
　　31(9): 757-760.

范一大, 2015. 我国灾害风险管理的未来挑战: 解读《2015—2030 年仙台减轻灾害风险框架》[J].
　　中国减灾, (4): 18-21.

方芳, 2012. 房山两周后转入常态防病模式[EB/OL]. (2012-08-10). http://www.bjwmb.gov.cn/zxgc/
　　sskd/t20120810_451622.htm.

高婷, 苏宁. 2013. 2012 年北京雨洪灾害后传染病疫情风险评估与应对策略[J]. 中国公共卫生
　　管理, (6): 713-716.

葛全胜, 曲建升, 曾静静, 等, 2009. 国际气候变化适应战略与态势分析[J]. 气候变化研究进展,
　　5(6): 369-375.

龚艳冰, 戴靓靓, 杨舒馨, 2017. 云南省农业旱灾社会脆弱性评价研究[J]. 水资源与水工程学报,
　　(6): 239-243.

顾晓焱, 2017. 武汉城市公共安全风险管理现状及对策研究[J]. 长江论坛, (6): 46-52.

广东省卫生健康委员会, 2018. 广东省卫生计生部门全力做好特大洪涝灾害和强台风救灾防病
　　工作[EB/OL]. (2018-09-29). http://wsjkw.gd.gov.cn/gkmlpt/content/2/2132/post_2132236.html#2569.

郭明园, 刘宽, 2017. 城市内涝灾害下居民权益保障的政府责任研究: 以武汉市为例[J]. 现代商
　　贸工业, 38(12): 112-113.

何剑峰, 2011. 登革热流行趋势及防控策略[J]. 实用医学杂志, 27(19): 3462-3464.

贺山峰, 高秀华, 2016. 洪涝灾害成灾机理分析及应对策略研究[J]. 河南理工大学学报: 社会科
　　学版, 17(2): 187-192.

宏结, 钟晓欢, 2021. 论疫情之下我国应急财政投入的路径选择[J]. 产业经济评论, (1): 5-18.

胡爱军, 李宁, 祝燕德, 等, 2010. 论气象灾害综合风险防范模式: 2008 年中国南方低温雨雪冰冻灾害的反思[J]. 地理科学进展, (2): 159-165.

胡俊锋, 杨佩国, 杨月巧, 等, 2010. 防洪减灾能力评价指标体系和评价方法研究[J]. 自然灾害学报, 19(3): 82-87.

胡曼, 郝艳华, 宁宁, 等, 2017. 中文版社区抗逆力评价表(CART)信度和效度评价[J]. 中国公共卫生, 33(5): 707-710.

黄存瑞, 何依伶, 马锐, 等, 2018. 高温热浪的健康效应: 从影响评估到应对策略[J]. 山东大学学报(医学版), 56(8): 20-26.

黄大鹏, 郑伟, 张人禾, 等, 2011. 安徽淮河流域洪涝灾害防灾减灾能力评估[J]. 地理研究, 30(3): 523-530.

黄瑾, 2006. 黄土高原半干旱区农田抗旱管理与措施选择[D]. 咸阳: 西北农林科技大学.

黄清臻, 傅军华, 严子锵, 等, 2015. 城市登革热防控几点建议[J]. 中国媒介生物学及控制杂志, 26(2): 117-119.

黄若刚, 于建平, 邓瑛, 2014. 北京市 "7·21" 特大暴雨灾害后卫生防疫应急工作评估与思考[J]. 首都公共卫生, 8(2): 83-87.

黄永, 刘勋, 施国庆, 等, 2014. 北京市公园晨练人群对空气细颗粒物 ($PM_{2.5}$) 健康危害的认知状况调查[J]. 中华疾病控制杂志, 18(6): 541-544.

纪冰, 2016. 安徽 2016 大洪水思考[J]. 江淮水利科技, (4): 3-4.

纪家琪, 2008. 从广东有效应对低温雨雪冰冻灾害谈加强应急管理[J]. 中国应急管理, (3): 9-12.

姜慧丽, 徐慰, 2018. 江苏盐城龙卷风 18 个月后青少年身心状况调查[J]. 四川精神卫生, 31(2): 18-23.

孔凡义, 施美毅, 2020. 联防联控和群防群控: 我国应急管理中的控制和动员机制: 基于新冠肺炎公共卫生危机事件的分析[J]. 湖北行政学院学报, (2): 40-47.

李镝, 李雪琦, 孙宇虹, 等, 2019. 台风灾害情境下全过程的韧性评估: 以广州为例[C]//活力城乡美好人居: 2019 中国城市规划年会论文集 (01 城市安全与防灾规划). 北京: 中国建筑工业出版社. 416-428.

李芳, 刘冰, 沈华, 2012. 我国洪涝灾害风险管理框架及运行机制研究[J]. 中国应急管理, (8): 20-23.

李惠娟, 周德群, 魏永杰, 2020. 2015~2018 年我国 $PM_{2.5}$ 健康损害价值的动态评估[J]. 环境科学, 41(12): 5225-5235.

李俊奇, 车伍, 2005. 城市雨水问题与可持续发展对策[J]. 城市环境与城市生态, (4): 5-8.

李沐寒, 2017. 基于可持续发展的盐城龙卷风灾后重建研究[C]//持续发展 理性规划: 2017 年中国城市规划年会论文集 (01 城市安全与防灾规划). 北京: 中国建筑工业出版社. 179-185.

李云燕, 王立华, 殷晨曦, 2018. 大气重污染预警区域联防联控协作体系构建: 以京津冀地区为例[J]. 中国环境管理, 10(2): 38-44.

连治华, 王维国, 王莉萍, 等, 2018. 城市暴雨灾害影响及气象服务技术综述与案例分析[J]. 防灾科技学院学报, 20(4): 60-67.

梁焯南, 张韶华, 林爱红, 等, 2009. 广东省病媒生物监测网络直报系统运行的效果评价[J]. 医学动物防制, 25(12): 913-914.

梁钊扬, 彭端, 裴苏华, 等, 2019. 粤中西部 2016 年初强寒潮影响评估及应急气象服务思考[J]. 气象研究与应用, 40(1): 53-56.

林立丰, 张玉润, 严子锵, 等, 2008. 地震灾后病媒生物危害风险快速评估与应急控制[J]. 华南预防医学, 34(4): 4-8.

林良勋, 吴乃庚, 蔡安安, 等, 2009. 广东 2008 年低温雨雪冰冻灾害及气象应急响应[J]. 气象, (5): 28-35.

刘梦贞, 2016. 城市暴雨洪涝灾害脆弱性模糊综合评价研究: 以郑州市为例[D]. 开封: 河南大学.

刘南江, 李群, 范春波, 2016. 2016 年前三季度全国自然灾害灾情分析[J]. 中国减灾, (11): 54-57.

刘宁, 2012. 防汛抗旱与水旱灾害风险管理[J]. 中国防汛抗旱: 22(2): 1-4.

刘起勇, 2015. 加强极端气候风险评估和管理保护我国人群健康和安全[J]. 环境与健康杂志, 32(4): 283.

刘旭拢, 张俊香, 2012. 华南沿海地区台风巨灾成因分析[C]//风险分析和危机反应的创新理论和方法: 中国灾害防御协会风险分析专业委员会第五届年会论文集. Paris: Atlantis Press. 581-585.

罗华堂, 左玉婷, 李洋, 等, 2018. 2016 年武汉市血吸虫病监测结果分析[J]. 热带病与寄生虫学, 16(2): 94-97.

罗雷, 王玉林, 狄飚, 等, 2011. 浅析穗港两地登革热预防与控制体系之异同[J]. 现代预防医学, 38(15): 3065-3066,3069.

骆丽, 吴云清, 2017. 从盐城阜宁龙卷风事件看龙卷风的防治[J]. 池州学院学报, 31(6): 81-85.

马文军, 刘涛, 黄存瑞, 2018. 气候变化对人群健康的风险评估和适应性研究亟需加强[J]. 环境卫生学杂志, 8(5): 365-367.

马英娟, 2015. 走出多部门监管的困境: 论中国食品安全监管部门间的协调合作[J]. 清华法学, 9(3): 35-55.

蒙远文, 1987. 华南区域性寒潮特征[J]. 广西气象, (12): 3-7.

孟凤霞, 王义冠, 冯磊, 等, 2015. 我国登革热疫情防控与媒介伊蚊的综合治理[J]. 中国媒介生物学及控制杂志, 26(1): 4-10.

民政部, 2008. 民政部通报近期低温雨雪冰冻灾情和救灾工作情况[EB/OL]. (2008-02-04). http://www. mca.gov.cn/article/special/xz/gzbs/200802/20080210011960.shtml.

潘文卓, 2008. 江苏省龙卷风分布特征及其灾害评估[D]. 南京: 南京信息工程大学.

裴敦思, 2016. 北京市丰台区城市内涝治理思路研究[D]. 北京: 首都经济贸易大学.

戚锡生, 2017. 江苏 以人为本 众志成城 有效应对江苏盐城龙卷风冰雹特别重大灾害[J]. 中国减灾, (3): 16-17.

齐庆华, 蔡榕硕, 颜秀花, 2019. 气候变化与我国海洋灾害风险治理探讨[J]. 海洋通报, 38(4): 361-367.

曲海燕, 赵东海, 李全岳, 等, 2013. 城市内涝及疾病防治[J]. 蛇志, 24(4): 411-413.

屈辰, 2019. 应急管理部副部长尚勇: 走出一条新时代大国应急管理之路[J]. 安全与健康, 10-13.

沈鸿, 2012. 基于旱情演变的社会应灾行为过程分析: 以 2009—2010 年西南地区旱灾为例[D]. 北京: 北京师范大学.

生态环境部, 2019. 美丽中国先锋榜(26)|综合施策 全面治理 坚决打赢首都蓝天保卫战: 北京 2013—2018 年大气污染治理历程[EB/OL]. 中华人民共和国生态环境部. (2019-09-24). http://www. mee. gov.cn/xxgk2018/xxgk/xxgk15/201909/t20190924_735251.html.

史培军, 李宁, 叶谦, 等, 2009. 全球环境变化与综合灾害风险防范研究[J]. 地球科学进展, 24(4): 428.

隋东阳, 王朋, 周其朋, 2019. 如何应对寒潮恶劣天气[J]. 农村电工, (1): 42.

孙继松, 何娜, 王国荣, 等, 2012. "7·21"北京大暴雨系统的结构演变特征及成因初探[J]. 暴雨灾害, 31(3): 218-225.

孙建华, 赵思雄, 傅慎明, 等, 2012. 2012 年 7 月 21 日北京特大暴雨的多尺度特征[J]. 大气科学, 27(3): 705-718.

谈建国, 2003. 热浪与人体健康[EB/OL]. 中国气象报. (2003-05-17). http://www.cma.gov.cn/kppd/kppdqxyr/201212/t20121213_196123.html.

谈建国, 2008. 气候变暖, 城市热岛与高温热浪及其健康影响研究[D]. 南京: 南京信息工程大学.

谈建国, 殷鹤宝, 林松柏, 等, 2002. 上海热浪与健康监测预警系统[J]. 应用气象学报, 13(3): 356-363.

汤敏慧, 劳彦儿, 刘娜, 等, 2008. 2008 年广州火车站春运雪灾危机政府信息传播分析[J]. 中山大学研究生学刊: 社会科学版, 29(4): 49-57.

陶梅江, 2015. 社区抗逆力: 社区面对灾难的抗逆研究[D]. 武汉: 华中师范大学.

陶诗言, 1980. 中国之暴雨[M]. 北京: 科学出版社.

汪晖, 2017. 武汉城市内涝问题研究及探讨[J]. 给水排水, S1: 117-119.

江云, 迟菲, 陈安, 2016. 中外灾害应急文化差异分析[J]. 灾害学, 31(1): 226-234.

王琛茜, 2015. 未来气候条件下中国洪水灾害时空动态变化分析研究[D]. 北京: 北京建筑大学.

王文秀, 郭汝凤, 陈世发, 等, 2018. 1951—2016年登陆我国华南地区台风的时空分布特征分析[J]. 防护林科技, (6): 16-18.

王义臣, 2015. 气候变化视角下城市高温热浪脆弱性评价研究[D]. 北京: 北京建筑大学.

王毅, 2015. 北京市防汛工作 20 年回顾与展望[J]. 中国防汛抗旱, (5): 1-3, 28.

王占山, 李云婷, 孙峰, 等, 2016. 北京市空气质量预报体系介绍及红色预警支撑[J]. 环境科技, 29(2): 38-42,46.

吴爱民, 2011. 国际社会如何应对干旱灾害[J]. 资源导刊(河南), (3): 46-47.

吴继波, 曾玲艳, 2020. 江西: 科学研判 部门联动 高效有序应对干旱灾害[J]. 中国减灾, (3): 42-45.

伍红雨, 杜尧东, 2010. 1961—2008 年华南区域寒潮变化的气候特征[J]. 气候变化研究进展, (3): 192-197.

伍旭川, 唐洁珑, 2019. 我国人口经济的现状, 问题和建议[J]. 金融发展研究, (3): 38-45.

谢盼, 王仰麟, 彭建, 等, 2015. 基于居民健康的城市高温热浪灾害脆弱性评价: 研究进展与框架[J]. 地理科学进展, (2): 165-174.

徐卉, 2021. 我国应急财政资金的管理问题及对策[J]. 中国集体经济, 1: 26-27.

许丹丹, 班婕, 陈晨, 等, 2017. 2013—2015 年上海市高温热浪事件对人群死亡风险的影响[J]. 环境与健康杂志, 34(11): 991-995.

许遐祯, 潘文卓, 缪启龙, 2010. 江苏省龙卷风灾害易损性分析[J]. 气象科学, 30(2): 208-213.

许晓佳, 2011. 我国不发达地区政府自然灾害危机管理研究: 以云南省 2010 年旱灾为例[D]. 昆明: 云南大学.

薛澜, 2014. 应对气候变化的风险治理[M]. 北京: 科学出版社.

薛云, 2010. 云南特大旱灾: 1379 万人受灾 应急响应提至二级[EB/OL]. (2010-02-25). http://www. chinanews.com/gn/ news/2010/02-25/2138904.shtml.

荀换苗, 姜宝法, 马伟, 2014. 热带气旋对健康影响的研究进展[J]. 中华流行病学杂志, 35(4): 462-465.

严中伟, 杨赤, 2000. 近几十年中国极端气候变化格局[J]. 气候与环境研究, 5(3): 267-272.

杨东峰, 刘正莹, 殷成志, 2018. 应对全球气候变化的地方规划行动: 减缓与适应的权衡抉择[J]. 城市规划, (1): 35-42,59.

杨辉, 宋洁, 晏红明, 等, 2012. 2009/2010 年冬季云南严重干旱的原因分析[J]. 气候与环境研究, 17(3): 315-326.

杨静, 2019. 空气污染对人群死亡的影响[D]. 北京: 中国疾病预防控制中心.

杨军晶, 周晓蓉, 代凌峰, 等, 2017. 2016 年湖北省血吸虫病监测点疫情分析[J]. 热带医学杂志, 17(6): 818-820,827.

杨廉平, 廖文敏, 钟爽, 等, 2020. 医疗卫生人员对气候变化的健康风险认知和适应策略研究进展[J]. 环境与职业医学, (1): 23-29.

杨威, 2015. 应急管理视角下社区柔韧性评估研究[D]. 大连: 大连理工大学.

杨跃萍, 2010. 云南强化旱区饮用水监测消毒防范肠道传染病流行[EB/OL]. 新华社. (2010-04-02). http://www.gov.cn/govweb/jrzg/2010-04/02/content_1572344.htm.

姚翔, 江玉锐, 孙超, 2013. 应急平台在城市内涝中的应用[J]. 中国建设信息, (17): 30-33.

叶翔, 吴碧琦, 2016. 安徽救灾应急响应升至Ⅱ级 国家减灾委民政部驰援安徽[EB/OL]. (2016-07-04). http://www.ahwang.cn/p/1536431.html.

叶泽明, 2019. 东莞市道滘镇台风灾害应急管理问题研究: 以台风"山竹"应对为例[D]. 武汉: 华中师范大学.

阴悦, 2010. 北京市深化运用防汛调度联动机制[J]. 中国防汛抗旱, 20(3): 17-18.

尤焕苓, 任国玉, 吴方, 等, 2014. 北京"7·21"特大暴雨过程时空特征解析[J]. 气象科技, 42(5): 856-864.

于洪蕾, 2015. 极端气候条件下我国滨海城市防灾策略研究[D]. 天津: 天津大学.

俞小鼎, 2012. 2012 年 7 月 21 日北京特大暴雨成因分析[J]. 气象, 38(11): 1313-1329.

喻霞, 2016. 上海市应对气候变化规划模式和实证研究[D]. 芜湖: 安徽师范大学.

张君枝, 袁冯, 王冀, 等, 2020. 全球升温 1.5℃和 2.0℃背景下北京市暴雨洪涝淹没风险研究[J]. 气候变化研究进展, 16(1): 78-87.

张念慈, 许志峰, 2018. 基于风险管理理论的林火灾害风险分析初探[J]. 林业勘查设计, 4: 77-79.

张强, 韩兰英, 张立阳, 等, 2014. 论气候变暖背景下干旱和干旱灾害风险特征与管理策略[J]. 地球科学进展, 29(1): 80-91.

张书函, 丁跃元, 陈建刚, 等, 2005. 北京城市雨洪控制与利用技术研究与示范[C]//中国水利学会第二届青年科技论坛论文集. 郑州: 黄河水利出版社. 115-120.

张小玲, 杨旭, 雷瑜, 等, 2017. 京津冀区域大气复合污染特征及城市间相互输送影响[C]//第 34 届中国气象学会年会 S8 观测推动城市气象发展: 第六届城市气象论坛论文集. 中国气象学会. 429-430.

张亚妮, 胡德勇, 于琛, 等, 2019a. 气候变化背景下我国灾害风险治理路径初探[J]. 气象与减灾研究, 42(1): 64-69.

张亚妮, 胡德勇, 于琛, 等, 2019b. 气候变化背景下防灾减灾国际经验和我国积极应对策略分析[J]. 首都师范大学学报 (自然科学版), 40: 89-94.

张永光, 2020. 基于城市内涝防治的海绵城市建设研究[J]. 工程技术研究, 5(7): 230-231.

张忠义, 庄越, 2017. 试论我国城市应急软能力提升路径: 基于 2016 年武汉洪涝灾害的理性思考[J]. 中国安全生产科学技术, 13(3): 119-123.

赵凡, 赵常军, 苏筠, 2014. 北京 "7·21" 暴雨灾害前后公众的风险认知变化[J]. 自然灾害学报, (4): 38-45.

郑彬, 郝艳华, 宁宁, 等, 2017. 四川省应对风险灾害社区抗逆力水平 TOPSIS 法分析[J]. 中国公共卫生, 33(5): 699-702.

郑彬, 宁宁, 郝艳华, 等, 2016. 面向突发公共卫生事件的社区抗逆力概念模型分析[C]//第二届亚太卫生应急战略及能力研究国际大会暨国际应急管理协会 IAEM 亚洲区卫生应急专业委员会扩大会资料汇编: 235-239.

郑建萌, 张万诚, 陈艳, 等, 2015. 2009—2010 年云南特大干旱的气候特征及成因[J]. 气象科学, 35(4): 488-496.

郑治斌, 2018. 信息化推动气象灾害风险管理的趋势[J]. 湖北农业科学, 57(14): 118-121.

中国气象局国家气候中心, 2006. 全国气候影响评价: 2005[M]. 北京: 气象出版社.

中华人民共和国环境保护部, 2011. 中国环境统计年报(2010)[M]. 北京: 中国环境科学出版社.

钟开斌, 2009. "一案三制": 中国应急管理体系建设的基本框架[J]. 南京社会科学, (11): 77-83.

钟堃, 刘玲, 张金良, 2010. 北京市寒潮天气对居民心脑血管疾病死亡影响的病例交叉研究[J]. 环境与健康杂志, (2): 100-105.

钟爽, 黄存瑞, 2019. 气候变化的健康风险与卫生应对[J]. 科学通报, 64(19): 2002-2010.

钟爽, 张书维, 2020. 多重灾害风险情境对我国应急体系的挑战及对策分析[J]. 人民论坛, 14: 80-84.

周利敏, 2016. 韧性城市: 风险治理及指标建构: 兼论国际案例[J]. 北京行政学院学报, (2): 13-20.

周祖木, 魏承毓, 2010. 自然灾害后尸体对传染病流行的危险性及其处理[J]. 中国消毒学杂志, (4): 463-464.

朱华桂, 2013. 论社区抗逆力的构成要素和指标体系[J]. 南京大学学报: 哲学. 人文科学. 社会科学, (5): 68-74,159.

祝燕德, 2009. 重大气象灾害风险防范[M]. 北京: 中国财政经济出版社.

邹海波, 刘熙明, 吴俊杰, 等, 2011. 定量诊断 2008 年初南方罕见冰冻雨雪天气[J]. 热带气象学报, 27(3): 345-356.

左雄, 官昌贵, 2008. 突发自然灾害应急管理研究: 以 2008 年低温雨雪冰冻灾害为例[C]// 中国科学技术协会 2008 防灾减灾论坛论文集. 中国气象学会. 610-616.

Abenhaim L, 2005. Lessons from the heat-wave epidemic in France (Summer 2003)[J]//Extreme weather events and public health responses. Berlin: Springer, 161-166.

Albrecht G, Sartore G M, Connor L, et al., 2007. Solastalgia: the distress caused by environmental change[J]. Australasian Psychiatry, 15(sup1): S95-S98.

Anna Y, Peter B, June J C, et al., 2015. Climate Change, Drought and Human Health in Canada[J]. International Journal of Environmental Research and Public Health, 12(7): 8359-8412.

Arbon P, 2014. Developing a model and tool to measure community disaster resilience[J]. Australian Journal of Emergency Management, 29(4): 12-16.

Barnett D J, Balicer R D, Blodgett D, et al., 2005. The application of the Haddon matrix to public health readiness and response planning[J]. Environmental Health Perspectives, 113(5): 561-566.

Barros V R, Field C B, Dokken D J, et al., 2014. Climate change 2014 impacts, adaptation, and vulnerability Part B: regional aspects: working group Ⅱ contribution to the fifth assessment report of the intergovernmental panel on climate change[M]. Cambridge: Cambridge University Press.

Barros V, Stocker T F, 2012. Managing the risks of extreme events and disasters to advance climate change adaptation: special report of the intergovernmental panel on climate change[J]. Journal of Clinical Endocrinology & Metabolism, 18(6), 586-599.

Beatty M E, Stone A, Fitzsimons D W, et al., 2010. Best practices in dengue surveillance: a report from the Asia-Pacific and Americas Dengue Prevention Boards[J]. PLoS Neglected Tropical Diseases, 4(11): 890.

Bennett C M, McMichael A J, 2010. Non-heat related impacts of climate change on working populations[J]. Global Health Action, 3(1): 5640.

Boer J D, Wardekker J A, Sluijs J, 2010. Frame-based guide to situated decision-making on climate change[J]. Global Environmental Change, 20(3): 502-510.

Bourque L B, Siegel J M, Kano M, et al., 2006. Weathering the storm: The impact of hurricanes on physical and mental health[J]. The Annals of the American Academy of Political and Social Science, 604(1): 129-151.

Bourque L, 1997. The Public Health Consequences of Disasters[J]. Earthquake Spectra, 13(4): 851-855.

Bull-Kamanga L, Diagne K, Lavell A, et al., 2003. From everyday hazards to disasters: the accumulation of risk in urban areas[J]. Environment and Urbanization, 15(1): 193-204.

Chenoweth M, Divine D, 2008. A document-based 318-year record of tropical cyclones in the Lesser Antilles, 1690—2007[J]. Geochemistry, Geophysics, Geosystems, 9(8): 1-21.

Cinner J E, Adger W N, Allison E H, et al., 2018. Building adaptive capacity to climate change in tropical coastal communities[J]. Nature Climate Change, 8(2): 117-123.

Costa M H, Pires G F, 2010. Effects of Amazon and Central Brazil deforestation scenarios on the duration of the dry season in the arc of deforestation[J]. International Journal of Climatology, 30(13): 1970-1979.

Cranfield J A L, Preckel P V, Hertel T W, 2007. Poverty analysis using an international cross-country demand system[M]. Washington D C: World Bank Publications.

D'amato G, Vitale C, De Martino A, et al., 2015. Effects on asthma and respiratory allergy of Climate change and air pollution[J]. Multidisciplinary Respiratory Medicine, 10(1): 1-8.

Dai A, 2011. Drought under global warming: a review[J]. Wiley Interdisciplinary Reviews: Climate Change, 2(1): 45-65.

De Sario M, Katsouyanni K, Michelozzi P, 2013. Climate change, extreme weather events, air pollution and respiratory health in Europe[J]. European Respiratory Journal, 42(3): 826-843.

D'Ippoliti D, Michelozzi P, Marino C, et al., 2010. The impact of heat waves on mortality in 9

European cities: results from the EuroHEAT project[J]. Environmental Health, 9(1): 1-9.

Downing T E, Olsthoorn A A, Richard S J T, 1999. Climate, Change and Risk[M]. London: Routledge.

Du W, FitzGerald G J, Clark M, et al., 2010. Health impacts of floods[J]. Prehospital and Disaster Medicine, 25(3): 265-272.

Ebi K L, 2011. Resilience to the health risks of extreme weather events in a changing climate in the United States[J]. International Journal of Environmental Research and Public Health, 8(12): 4582-4595.

Ebi K L, Otmani del Barrio M, 2017. Lessons learned on health adaptation to climate variability and change: experiences across low-and middle-income countries[J]. Environmental Health Perspectives, 125(6): 065001.

Ebi K L, Prats E V, 2015. Health in national climate change adaptation planning[J]. Annals of Global Health, 81(3): 418-426.

Engelman R, Macharia J, Zahedi K, et al., 2009. Facing a changing world: Women, population and climate[R]. The State of World Population.

Field C B, Barros V, Stocker T F, et al., 2012. Managing the risks of extreme events and disasters to advance climate change adaptation: special report of the intergovernmental panel on climate change[M]. Cambridge: Cambridge University Press.

Ford J D, Pearce T, Gilligan J, et al., 2008. Climate change and hazards associated with ice use in northern Canada[J]. Arctic, Antarctic, and Alpine Research, 40(4): 647-659.

Frappier A B, Knutson T, Liu K B, et al., 2007. Perspective: Coordinating paleoclimate research on tropical cyclones with hurricane-climate theory and modelling[J]. Tellus A: Dynamic Meteorology and Oceanography, 59(4): 529-537.

Frappier A B, Pyburn J, Pinkey-Drobnis A D, et al., 2014. Two millennia of tropical cyclone - induced mud layers in a northern Yucatán stalagmite: Multiple overlapping climatic hazards during the Maya Terminal Classic "megadroughts"[J]. Geophysical Research Letters, 41(14): 5148-5157.

Frappier A B, Sahagian D, Carpenter S J, et al., 2007. Stalagmite stable isotope record of recent tropical cyclone events[J]. Geology, 35(2): 111-114.

Funk C, Dettinger M D, Michaelsen J C, et al., 2008. Warming of the Indian Ocean threatens eastern and southern African food security but could be mitigated by agricultural development[J]. Proceedings of the National Academy of Sciences, 105(32): 11081-11086.

Geller A M, Zenick H, 2005. Aging and the environment: a research framework[J]. Environmental Health Perspectives, 113(9): 1257-1262.

Gillett N P, Stott P A, Santer B D, 2008. Attribution of cyclogenesis region sea surface temperature change to anthropogenic influence[J]. Geophysical Research Letters, 35(9): L09707.

Githeko A K, Lindsay S W, Confalonieri U E, et al., 2000. Climate change and vector-borne diseases: a regional analysis[J]. Bulletin of the World Health Organization, 78: 1136-1147.

Golnaraghi M, 2012. Institutional Partnerships in Multi-Hazard Early Warning Systems[M]. Berlin: Springer.

Green M S, Pri-Or N G, Capeluto G, et al., 2013. Climate change and health in Israel: adaptation policies for extreme weather events[J]. Israel Journal of Health Policy Research, 2(1): 1-11.

Group A C, 2005. Climate change risk and vulnerability: promoting an efficient adaptation response in Australia[R]. Allen Consultant Group.

Guest C, Ricciardi W, Kawachi I, et al., 2013. Oxford handbook of public health practice[M]. Oxford: Oxford University Press.

Guzman M G, Harris E, 2015. Dengue[J]. The Lancet, 385(9966): 453-465.

Hales S, Edwards S J, Kovats R S, 2003. Impacts on health of climate extremes[J]. Climate change and human health: Risks and responses, 79-102.

Haq G, Whitelegg J, Kohler M, 2008. Growing old in a changing climate[C]//Meeting the challenges of an ageing population and climate change. Stockholm: Stockholm Environment Institute. 1-38.

Hashizume M, Wagatsuma Y, Faruque A S G, et al., 2008, Factors determining vulnerability to diarrhoea during and after severe floods in Bangladesh[J]. Journal of Water and Health, 6(3): 323-332.

Hegney D G, Ross H, Baker P, et al., 2008a. Identification of Personal and Community Resilience that Enhances Psychological Wellness: a Stanthorpe Study[J]. Centre for Rural and Remote Health, University of Southern Queensland, 1-153.

Hegney D G, Ross H, Baker P, 2008b. Building resilience in rural communities: Toolkit[J]. The University of Queensland and University of Southern Queensland, 1-52.

Hennessy K B, Fitzharris B, Bates B C, et al., 2007. Australia and New Zealand: climate change 2007: impacts, adaptation and vulnerability: contribution of Working Group II to the Fourth Assessment Report of the Intergovernmental Panel on Climate Change[J]//Parry M L, Canziani O F, Palutikof J P, et al. Fourth Assessment Report of the Intergovernmental Panel on Climate Change. Cambridge: Cambridge University Press. 509-540.

Huang C, Barnett A G, Xu Z, et al., 2013. Managing the health effects of temperature in response to climate change: challenges ahead[J]. Environmental Health Perspectives, 121(4): 415-419.

Huang W, Kan H, Kovats S, 2010. The impact of the 2003 heat wave on mortality in Shanghai, China[J]. Science of the Total Environment, 408(11): 2418-2420.

International Energy Association, 2009. CO_2 Emissions from Fuel Combustion 2009-Highlights[R]. International Energy Association, Paris.

IPCC, 2014. IPCC Climate Change 2014: Impacts, adaptation and vulnerability. Part A: Global and Sectoral Aspects (eds Field, C. B. et al.)[M]. Cambridge: Cambridge University Press.

ISO, 2009. ISO 31000 Risk Management-Principle and Guideline[J]. International Organization for Standardization, Geneva, Switzerland.

ISO, 2009. Risk management: Principles and guidelines[R]. International Organization for Standardization, Geneva, Switzerland.

Jacob D J, Winner D A, 2009. Effect of climate change on air quality[J]. Atmospheric Environment, 43(1): 51-63.

Janssen M A, 2007. An update on the scholarly networks on resilience, vulnerability, and adaptation within the human dimensions of global environmental change[J]. Ecology and Society, 12(2): 9.

Johnson H, Kovats R S, McGregor G, et al., 2005. The impact of the 2003 heat wave on mortality and hospital admissions in England[J]. Health Statistics Quarterly, (25): 6-11.

Kan H, Chen R, Tong S, 2012. Ambient air pollution, climate change, and population health in China[J]. Environment International, 42: 10-19.

Karoly D J, Wu Q, 2005. Detection of regional surface temperature trends[J]. Journal of Climate, 18(21): 4337-4343.

Keim M E, 2008. Building human resilience: the role of public health preparedness and response as an adaptation to climate change[J]. American Journal of Preventive Medicine, 35(5): 508-516.

Kienberger S, Lang S, Zeil P, 2009. Spatial vulnerability units: expert-based spatial modelling of socio-economic vulnerability in the Salzach catchment, Austria[J]. Natural Hazards and Earth System Sciences, 9(3): 767-778.

Kirch W, Bertollini R, Menne B, 2005. Extreme Weather Events and Public Health Responses [M].

Berlin: Springer.

Koppe C, Kovats S, Jendritzky G, et al., 2004. Heat-waves: risks and responses[M]. Copenhagen: World Health Organization(Regional Office for Europe).

Koster R D, Dirmeyer P A, Guo Z, et al., 2004. Regions of strong coupling between soil moisture and precipitation[J]. Science, 305(5687): 1138-1140.

Kovats R S, Kristie L E, 2006. Heatwaves and public health in Europe[J]. European Journal of Public Health, 16(6): 592-599.

Krawchuk M A, Moritz M A, Parisien M A, et al., 2009. Global pyrogeography: the current and future distribution of wildfire[J]. PloS One, 4(4): 5102.

Kurukulasuriya P, Zhao Y, Mao J, et al., 2016. Piloting climate change adaptation to protect human health in China[J]. New York: Adaptation Learning Mechanism.

Lau K M, Zhou Y P, Wu H T, 2008. Have tropical cyclones been feeding more extreme rainfall?[J]. Journal of Geophysical Research: Atmospheres, 113: D23113.

Liao W, Wu J, Yang L, et al., 2020. Detecting the net effect of flooding on infectious diarrheal disease in Anhui Province, China: a quasi-experimental study[J]. Environmental Research Letters, 15(12): 125015.

Liao W, Yang L, Zhong S, et al., 2019. Preparing the next generation of health professionals to tackle climate change: are China's medical students ready?[J]. Environmental Research, 168: 270-277.

Lin N, Emanuel K A, Smith J A, et al., 2010. Risk assessment of hurricane storm surge for New York City[J]. Journal of Geophysical Research: Atmospheres, 115: D18121.

Lindström G, Bergström S, 2004. Runoff trends in Sweden 1807—2002/Tendances de l'écoulement en Suède entre 1807 et 2002[J]. Hydrological Sciences Journal, 49(1): 69-83.

Liu X, Tian Z, Sun L, et al., 2020. Mitigating heat-related mortality risk in Shanghai, China: system dynamics modeling simulations[J]. Environmental Geochemistry and Health, 42(10): 3171-3184.

MacDonald G M, 2010. Water, climate change, and sustainability in the southwest[J]. Proceedings of the National Academy of Sciences, 107(50): 21256-21262.

Magnus P, Eskild A, 2001. Seasonal variation in the occurrence of pre-eclampsia[J]. British Journal of Obstetrics and Gynaecology, 108(11): 1116-1119.

Malik S M, Awan H, Khan N, 2012. Mapping vulnerability to climate change and its repercussions on human health in Pakistan[J]. Globalization and Health, 8(1): 1-10.

Malilay J, 1997. Tropical cyclones[J]//The public health consecuences of disasters. New York: Oxford University Press, 207-227.

Mann M E, Woodruff J D, Donnelly J P, et al., 2009. Atlantic hurricanes and climate over the past 1500 years[J]. Nature, 460(7257): 880-883.

Manuel-Navarrete D, Pelling M, Redclift M, 2011. Critical adaptation to hurricanes in the Mexican Caribbean: Development visions, governance structures, and coping strategies[J]. Global Environmental Change, 21(1): 249-258.

Martinez G S, Berry P, 2018. The adaptation health gap: a global overview[R]. The Adaptation Gap Report 2018. United Nations Environment Programme (UNEP), Nairobi, Kenya.

Masato G, Bone A, Charlton-Perez A, et al., 2015. Improving the health forecasting alert system for cold weather and heat-waves in England: a proof-of-concept using temperature-mortality relationships[J]. PLoS One, 10(10): e0137804.

Masson-Delmotte V, Zhai P, Pirani A, et al., 2021. Climate change 2021: the physical science basis[R]. Contribution of Working Group I to the Sixth Assessment Report of the Intergovernmental Panel on Climate Change, 2.

McCarthy J J, Canziani O F, Leary N A, et al., 2001. Climate change 2001: impacts, adaptation, and vulnerability: Contribution of Working Group II to the Third Assessment Report of The Intergovernmental Panel on Climate Change[M]. Cambridge: Cambridge University Press.

McDonald J R, Mehta K C, 2006. A recommendation for an enhanced Fujita scale (EF-scale)[R]. Lubbock: Wind Science and Engineering Center, Texas Tech University.

Mcmichael A J, Paul W, Sari K R, et al., 2008. International study of temperature, heat and urban mortality: the 'ISOTHURM' project[J]. International Journal of Epidemiology, (5): 1121-1131.

Menne B, Kendrovski V, Creswick J, et al., 2015. Protecting health from climate change: a seven-country approach[J]. Public Health Panorama, 1(1): 11-24.

Michelozzi P, Accetta G, De Sario M, et al., 2009. High temperature and hospitalizations for cardiovascular and respiratory causes in 12 European cities[J]. American Journal of Respiratory and Critical Care Medicine, 179(5): 383-389.

Mizutori M, Guha-Sapir D, 2017. Economic losses, poverty and disasters 1998—2017[J]. United Nations Office for Disaster Risk Reduction, 1-31.

Molesworth A M, Cuevas L E, Connor S J, et al., 2003. Environmental risk and meningitis epidemics in Africa[J]. Emerging infectious diseases, 9(10): 1287.

Moynihan D P, 2008. Learning under uncertainty: Networks in crisis management[J]. Public Administration Review, 68(2): 350-365.

Munich R E, 2005. Megacities-Megarisks: Trends and challenges for insurance and risk management[Z].

Næss L O, Bang G, Eriksen S, et al., 2005. Institutional adaptation to climate change: flood responses at the municipal level in Norway[J]. Global Environmental Change, 15(2): 125-138.

Navarra Λ, 2005. Extreme weather events and public health responses[M]. Berlin: Springer Berlin Heidelberg.

Norris F H, Stevens S P, Pfefferbaum B, et al., 2008. Community resilience as a metaphor, theory, set of capacities, and strategy for disaster readiness[J]. American Journal of Community Psychology, 41(1): 127-150.

Nott J, Haig J, Neil H, et al., 2007. Greater frequency variability of landfalling tropical cyclones at centennial compared to seasonal and decadal scales[J]. Earth and Planetary Science Letters, 255(3-4): 367-372.

Ohl C A, Tapsell S, 2000. Flooding and human health: the dangers posed are not always obvious[J]. Bmj, 321(7270): 1167-1168.

Parry M L, Canziani O, Palutikof J, et al., 2007. Climate change 2007-impacts, adaptation and vulnerability: Working Group II Contribution to the Fourth Assessment Report of the IPCC[M]. Cambridge: Cambridge University Press.

Patz J A, Campbell-Lendrum D, Holloway T, et al., 2005. Impact of regional climate change on human health[J]. Nature, 438(7066): 310-317.

Pelling M, Maskrey A, Ruiz P, et al., 2004. Reducing disaster risk: a challenge for development[J]. New York : United Nations, 32.

Perkins S, 2016. Extreme tornado outbreaks are getting worse, but why?[EB/OL]. Science. (2016-12-01). https://www.science.org/content/article/extreme-tornado-outbreaks-are-getting-worse-why.

Protocol K, 1997. United Nations framework convention on climate change[J]. Kyoto Protocol, Kyoto, 19(8): 1-21.

Reisinger A, Howden M, Vera C, et al., 2020. The concept of risk in the IPCC Sixth Assessment Report: a summary of cross-working group discussions[J]. Intergovernmental Panel on Climate

Change, 15.

Riahi K, Roehrl R A, 2000. Energy technology strategies for carbon dioxide mitigation and sustainable development[J]. Environmental Economics and Policy Studies, 3(2): 89-123.

Rosenzweig C, Casassa G, Karoly D J, et al., 2007. Assessment of observed changes and responses in natural and managed system[J]// Parry M L, Canziani O F, Palutikof J P, et al., Climate Change 2007: Impacts. Adaptation and Vulnerability. Contribution of Working Group II to the Fourth Assessment Report of the Intergovernmental Panel on Climate Change, Cambridge: Cambridge University Press, 79-131.

Sáenz R, Bissell R A, Paniagua F, 1995. Post-disaster malaria in Costa Rica[J]. Prehospital and Disaster Medicine, 10(3): 154-160.

Santer B D, Wigley T M L, Gleckler P J, et al., 2006. Forced and unforced ocean temperature changes in Atlantic and Pacific tropical cyclogenesis regions[J]. Proceedings of the National Academy of Sciences, 103(38): 13905-13910.

Schlef K E, Kaboré L, Karambiri H, et al., 2018. Relating perceptions of flood risk and coping ability to mitigation behavior in West Africa: Case study of Burkina Faso[J]. Environmental Science & Policy, 89: 254-265.

Schmidlin T W, Hammer B O, Ono Y, et al., 2009. Tornado shelter-seeking behavior and tornado shelter options among mobile home residents in the United States[J]. Natural Hazards, 48(2): 191-201.

Semenza J C, Rubin C H, Falter K H, et al., 1996. Heat-related deaths during the July 1995 heat wave in Chicago[J]. New England Journal of Medicine, 335(2): 84-90.

Seneviratne S I, Lüthi D, Litschi M, et al., 2006. Land-atmosphere coupling and climate change in Europe[J]. Nature, 443(7108): 205-209.

Sharafi L, Zarafshani K, Keshavarz M, et al., 2020. Drought risk assessment: Towards drought early warning system and sustainable environment in western Iran[J]. Ecological Indicators, 114: 106276.

Sheng R, Li C, Wang Q, et al., 2018. Does hot weather affect work-related injury? A case-crossover study in Guangzhou, China[J]. International Journal of Hygiene and Environmental Health, 221(3): 423-428.

Shi Y, Zhai G, Zhou S, et al., 2019. How can cities respond to flood disaster risks under multi-scenario simulation? A case study of Xiamen, China[J]. International Journal of Environmental Research and Public Health, 16(4): 618.

Shoaf K I, Rotiman S J, 2000. Public health impact of disasters[J]. Australian Journal of Emergency Management, 15(3): 58-63.

Shultz J M, Russell J, Espinel Z, 2005. Epidemiology of tropical cyclones: the dynamics of disaster, disease, and development[J]. Epidemiologic Reviews, 27(1): 21-35.

Shultz J M, Shepherd J M, Kelman I, et al., 2018. Mitigating tropical cyclone risks and health consequences: urgencies and innovations[J]. The Lancet Planetary Health, 2(3): 103-104.

Spickett J T, Brown H L, Rumchev K, 2011. Climate change and air quality: the potential impact on health[J]. Asia Pacific Journal of Public Health, 23(2): 37-45.

Steckler A B, Linnan L, Israel B, 2002. Process evaluation for public health interventions and research[M]. San Francisco: Jossey-Bass.

Taba A H, 2009. World Health Organization. Regional Office for the Eastern Mediterranean (EMRO)[J]. International Rehabilitation Medicine, 3: 110-111.

Tang X, Feng L, Zou Y, et al., 2012.The Shanghai multi-hazard early warning system: addressing the challenge of disaster risk reduction in an urban megalopolis[J]//Institutional partnerships in multi-hazard early warning systems, Berlin: Springer, 159-179.

Tanner T, Allouche J, 2011. Towards a new political economy of climate change and development[J]. IDS bulletin, 42(3): 1-14.

Taylor A, 2005. Management of dead bodies in disaster situations[J]. Traumatology, 11(3): 201-203.

Thalib L, Al-Taiar A, 2012. Dust storms and the risk of asthma admissions to hospitals in Kuwait[J]. Science of the Total Environment, 433: 347-351.

Tierney K J, 1997. Business Disruption, Preparedness And Recovery: Lessons From The Northridge Earthquake[J]. Blackwell Publishers Ltd, 5(2): 87-97.

Timmerman P, 1981. Vulnerability, resilience and the collapse ofsociety[J]. A Review of Models and Possible Climatic Appli-cations. Toronto, Canada. Institute for Environmental Studies, University of Toronto, 1(1): 1-45.

Tol R S J, Verheyen R, 2004. State responsibility and compensation for climate change damages: a legal and economic assessment[J]. Energy Policy, 32(9): 1109-1130.

UNISDR, 2009. Global assessment report on disaster risk reduction 2009: risk and poverty in a changing climate [R].

United Nations Development Programme, 2004. Reducing disaster risk: A challenge for development[R]. United Nations Development Programme.

United Nations Office for Disaster Risk Reduction, 2009. Global Assessment Report on Disaster Risk Reduction 2009[R]. United Nations Office for Disaster Risk Reduction.

Verma A A, Murray J, Mamdani M M, 2018. Mortality in Puerto Rico after Hurricane Maria[J]. New England Journal of Medicine, 379(17): e30.

Wamsler C, Brink E, 2016. The urban domino effect: a conceptualization of cities' interconnectedness of risk[J]. International Journal of Disaster Resilience in the Built Environment, 7(2): 80-113.

Wang K, Zhong S, Wang X, et al., 2017. Assessment of the public health risks and impact of a Tornado in funing, China, 23 June 2016: a retrospective analysis[J]. International Journal of Environmental Research and Public Health, 14(10): 1201.

Wang Q, Zhang H, Liang Q, et al., 2018. Effects of prenatal exposure to air pollution on preeclampsia in Shenzhen, China[J]. Environmental Pollution, 237: 18-27.

Whitmee S, Haines A, Beyrer C, et al., 2015. Safeguarding human health in the Anthropocene epoch: report of The Rockefeller Foundation: Lancet Commission on planetary health[J]. The Lancet, 386(10007): 1973-2028.

Wilbanks T J, 2003. Integrating climate change and sustainable development in a place-based context[J]. Climate Policy, 3(1): 147-154.

Wing A A, Sobel A H, Camargo S J, 2007. Relationship between the potential and actual intensities of tropical cyclones on interannual time scales[J]. Geophysical Research Letters, 34(8): L08810.

Woodward A, Smith K R, Campbell-Lendrum D, et al., 2014. Climate change and health: on the latest IPCC report[J]. The Lancet, 383(9924): 1185-1189.

World Health Organization, 2000. Strengthening implementation of the global strategy for dengue fever/dengue haemorrhagic fever prevention and control[R]. Report of the Informal Consultation, WHO HQ, Geneva, Switzerland.

World Health Organization, 2003. Climate change and human health: risks and responses[M]. Geneva: World Health Organization.

World Health Organization, 2008. Improving public health responses to extreme weather[R]. Copenhagen: WHO Regional Office for Europe.

World Health Organization, 2009. Global health risks: mortality and burden of disease attributable to selected major risks[M]. Geneva: World Health Organization.

World Health Organization, 2012. Global strategy for dengue prevention and control 2012-2020[J]. Geneva: World Health Organization.

World Health Organization, 2013. Protecting health from climate change: vulnerability and adaptation assessment[M]. Geneva: World Health Organization.

World Health Organization, 2014a. Strengthening health resilience to climate change[R]. Geneva: World Health Organization.

World Health Organization, 2014b. WHO guidance to protect health from climate change through health adaptation planning[J]. Geneva: World Health Organization.

World Health Organization, 2015. Operational framework for building climate resilient health systems[M]. Geneva: World Health Organization.

World Health Organization, 2018. COP24 special report: health and climate change[J]. Geneva: World Health Organization.

World Sustainable Energy Conference, 2006. A recommendation for an enhanced Fujita scale (EF-scale)[C] //Wind Science and Engineering Center Report, 95.

Wu J, Huang C, Pang M, et al., 2019. Planned sheltering as an adaptation strategy to climate change: Lessons learned from the severe flooding in Anhui Province of China in 2016[J]. Science of the Total Environment, 694: 133586.

Xu Y L, Ju H, 2009. Climate Change and Poverty: A Case Study of China[J]. Greenpeace and Oxfam, www. greenpeace. org/usa/Global/usa/binaries/2009/6/poverty-and-climate-change. pdf.

Xu Z, Huang C, Hu W, et al., 2013. Extreme temperatures and emergency department admissions for childhood asthma in Brisbane, Australia[J]. Occupational and Environmental Medicine, 70(10): 730-735.

Yao Y, Yu X, Zhang Y, et al., 2015. Climate analysis of tornadoes in China[J]. Journal of Meteorological Research, 29(3): 359-369.

Yohe G, Tol R S J, 2002. Indicators for social and economic coping capacity: moving toward a working definition of adaptive capacity[J]. Global Environmental Change, 12(1): 25-40.

Yu K F, Zhao J X, Shi Q, et al., 2009. Reconstruction of storm/tsunami records over the last 4000 years using transported coral blocks and lagoon sediments in the southern South China Sea[J].

Quaternary International, 195(1-2): 128-137.

Zhang N, Song D, Zhang J, et al., 2019. The impact of the 2016 flood event in Anhui Province, China on infectious diarrhea disease: An interrupted time-series study[J]. Environment International, 127: 801-809.

Zhong S, Clark M, Hou X Y, et al., 2013. 2010-2011 Queensland floods: Using Haddon's Matrix to define and categorise public safety strategies[J]. Emergency Medicine Australasia Ema, 25(4): 345-352.

Zhong S, Pang M, Ho H C, et al., 2020. Assessing the effectiveness and pathways of planned shelters in protecting mental health of flood victims in China[J]. Environmental Research Letters, 15(12): 125006.

Zhu Q, Liu T, Lin H, et al., 2014. The spatial distribution of health vulnerability to heat waves in Guangdong Province, China[J]. Global Health Action, 7(1): 25051.

彩　插

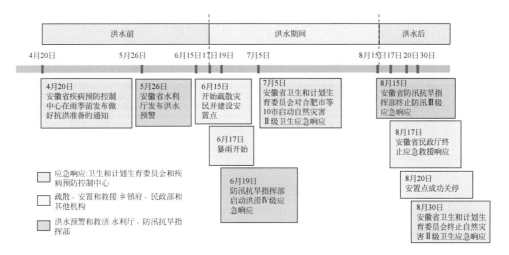

图 5.1　2016 年安徽省洪水前、中、后地方政府采取的不同响应行动表

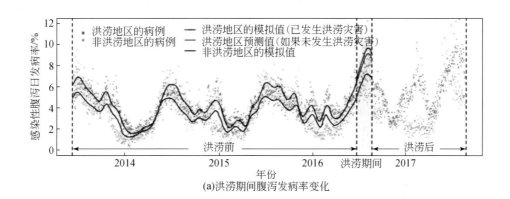

(a)洪涝期间腹泻发病率变化

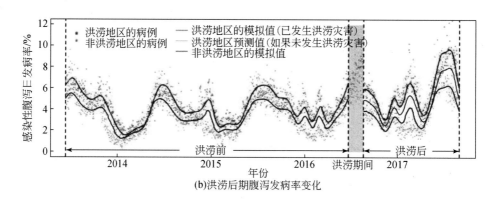

(b)洪涝后期腹泻发病率变化

图 5.5　2014～2017 年洪涝地区和非洪涝地区感染性腹泻日发病率

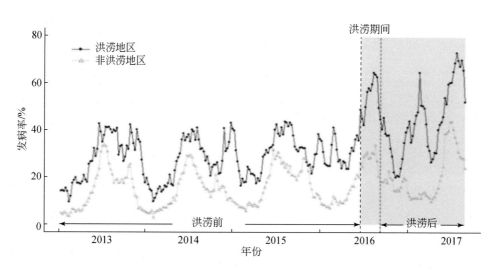

图 5.6　2013 年 1 月～2017 年 8 月安徽省感染性腹泻发病情况

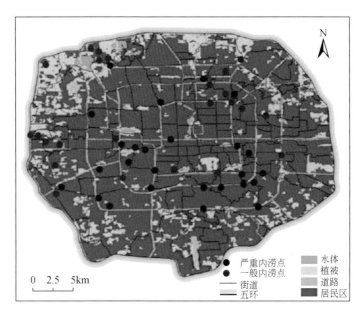

图 5.7 北京市暴洪造成的内涝点分布点

图 5.26 4 次台风损失对比图

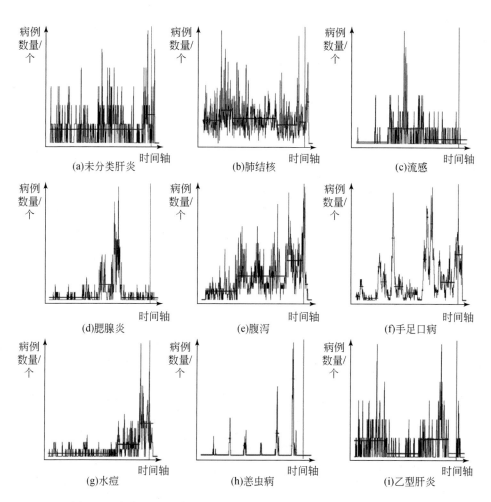

图 5.28　阜宁县 2011 年 1 月～2016 年 9 月法定传染病发病率变化点

注：蓝线表示龙卷风发生时间：2016 年 6 月 23 日，红线表示发病率突变线。

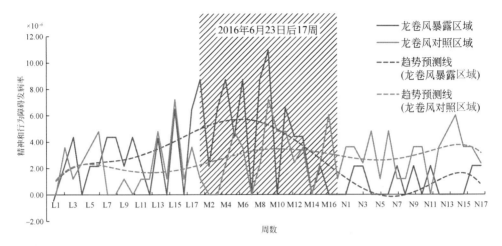

图 5.29 2015~2017年部分时段精神和行为障碍周发病率折线图

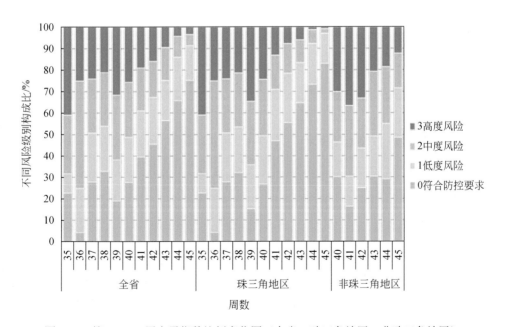

图 5.33 第35~45周布雷指数比例变化图(全省、珠三角地区、非珠三角地区)

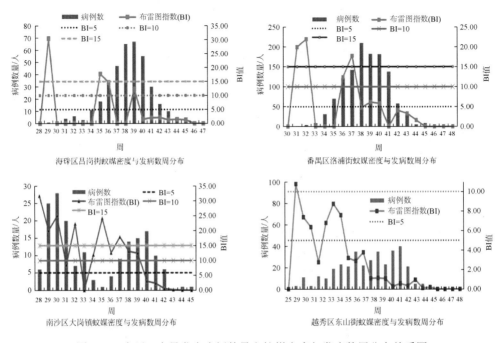

图 5.36　广州 4 个暴发点病例数量和蚊媒密度与发病数周分布关系图

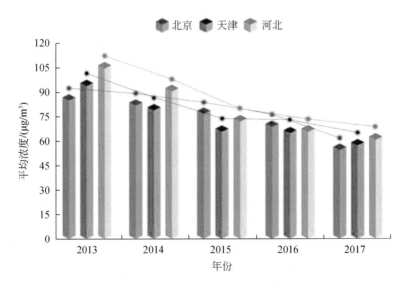

图 5.39　2013～2017 年京津冀 PM$_{2.5}$平均浓度变化情况